소설이 묻고
**과학이 답하다**

소설 읽는 봉구의 과학 오디세이
소설이 묻고
과학이 답하다
민성혜 지음 | 유재홍 감수
갈매나무

차례



1부

# 2부 우주

3부

# 인간

# 우아하고 감상적인 과학 집적거리기

곰이 있다. 단군 신화에 나오는 마늘과 쑥으로 인간이 되기 위해 안간힘을 쓴 곰은 아니지만, 내가 아는 사람 중에는 곰이 있다. 과학 하는 곰이다. 과학 하는 곰이라고 해서 유명한 과학자인 것은 아니다. 과학자라기보다는 아이들에게 과학을 가르치는 사람이다. 물론 곰은 별명이다. 누구든 보기만 하면 곰을 떠올린다. 이제 우리는 그 사람을 과학 하는 곰이라고 부르자.

그럼 나는 누구냐고? 나는 세상이 어떻게 돌아가든 설렁설렁 살아가는 사람이다. 지구가 생긴 이래, 그리고 사람이 살아온 이래 그 익숙한 자리에 어느 날 뚝 떨어져—사실은 어머니와 아버지가 낳아 주셨다—살기 시작해서 익숙한 것에 아무 의문도 품지 않고, 그냥 익숙한 대로 편하게 살아가는 사람이다. 굳이 과학 하는 곰과 대칭을 이루자면 아이들에게 국어를 가르치고 있다. 즐겨 하는 일은 빈둥거리며 소설 읽기다. 그럼 나는 소설 읽는 봉구라고 하자. 봉구는 내 별명이다.

이 이야기는 어떻게 시작하는가.

소설을 읽다 보면 궁금해지는 일들이 있다. 묘하게도 그 궁금증은 과학과 연결되고, 그렇게 연결된 과학은 다시 문학으로 돌아온다.

예를 들어 보자. 어느 소설에선가 우주의 '암흑 물질'에 대한 이야기가 나온다. 암흑 물질이라니? 시커먼 물질인가? 물질? 물질은 뭐지? 갑자기 내가 전혀 모르는 과학적 세계들이 궁금해지고, 아무렇지 않게 썼던 단어들의 개념이 낯설게 다가온다. 그러면 나는 묻는다. 내 과학 실력은 차마 '실력'이라는 말을 갖다 붙이기도 민망하며, 과학 상식이라고는 전무하다. 나에게 내 수준으로 알려 줄 수 있는 과학 하는 곰이 그래서 등장한다.

과학 하는 곰이 나에게 말해 준다. 암흑 물질은 보이지는 않지만 우주의 많은 부분을 차지하고 있는 물질이라고. 우리가 깊은 밤, 63빌딩 위에 올라가서 서울을 내려다보면 화려한 야경이 펼쳐지지만 반짝거리는 밤의 불빛이 없는 곳은 어둡다고. 그래서 보이지 않는다고. 하지만 보이지 않는다고 해서 그 어둠 안에 아무것도 없는 것은 아니라고. 그리고는 《어린 왕자》의 한 부분을 들려준다.

"참, 내 비밀을 말해 줄게. 아주 간단한 건데……, 그건 마음으로 봐야 잘 보인다는 거야. 가장 중요한 것은 눈에 보이지 않는 법이야!"

어린 왕자는 잘 기억해 두려는 듯 되뇌어 보았다.

"가장 중요한 것은 눈에 안 보인다……."

놀랍지 않은가. 우주는 지구로 들어오고 지구는 문학으로 들어와, 과학의 세계와 문학적 상징의 세계가 만나다니! 나는 소설에서 과학을 읽고, 과학에서 소설을 읽는다. 소설의 허구는 세상의 진실성을, 우리가 보는 인간 삶의 가치를 담아낸다. 나는 그만 과학에서도 소설처럼 우리 삶의 진실성이 한 가닥 있음을 눈치채 버렸다. 그러나 앞서 말했듯, 과학 둔재인 나에게 나를 둘러싼 과학의 세계는 11차원쯤 되는 세상이다.

그래서 나는 이제 곰을 집적거리기 시작한다.

영화 〈맨 인 블랙〉의 마지막 장면으로 기억한다. 우주에서 누군가가 행성들로 구슬치기를 하고 있다. 속칭 '다마치기'. 공기놀이가 아닌 걸 다행으로 생각해야 하나. 여하튼 지구는 그 구슬들 가운데 하나였다. 푸르고 맑게 빛나는 구슬, 누군가의 손에 튕겨져 움직이고 있는 구슬. 영화에는 없던 장면이지만 그 안에서 누군가는 구슬치기를 하며 자라고 있을지도.
우주에서는 하나의 구슬일지 모르지만 46억 년의 세월이 켜켜이 쌓인 지구 이야기는 우리 삶의 이야기. 그래서 우리의 시간은 현재를 넘어 지구의 시간 위에서 흐르고 있다.

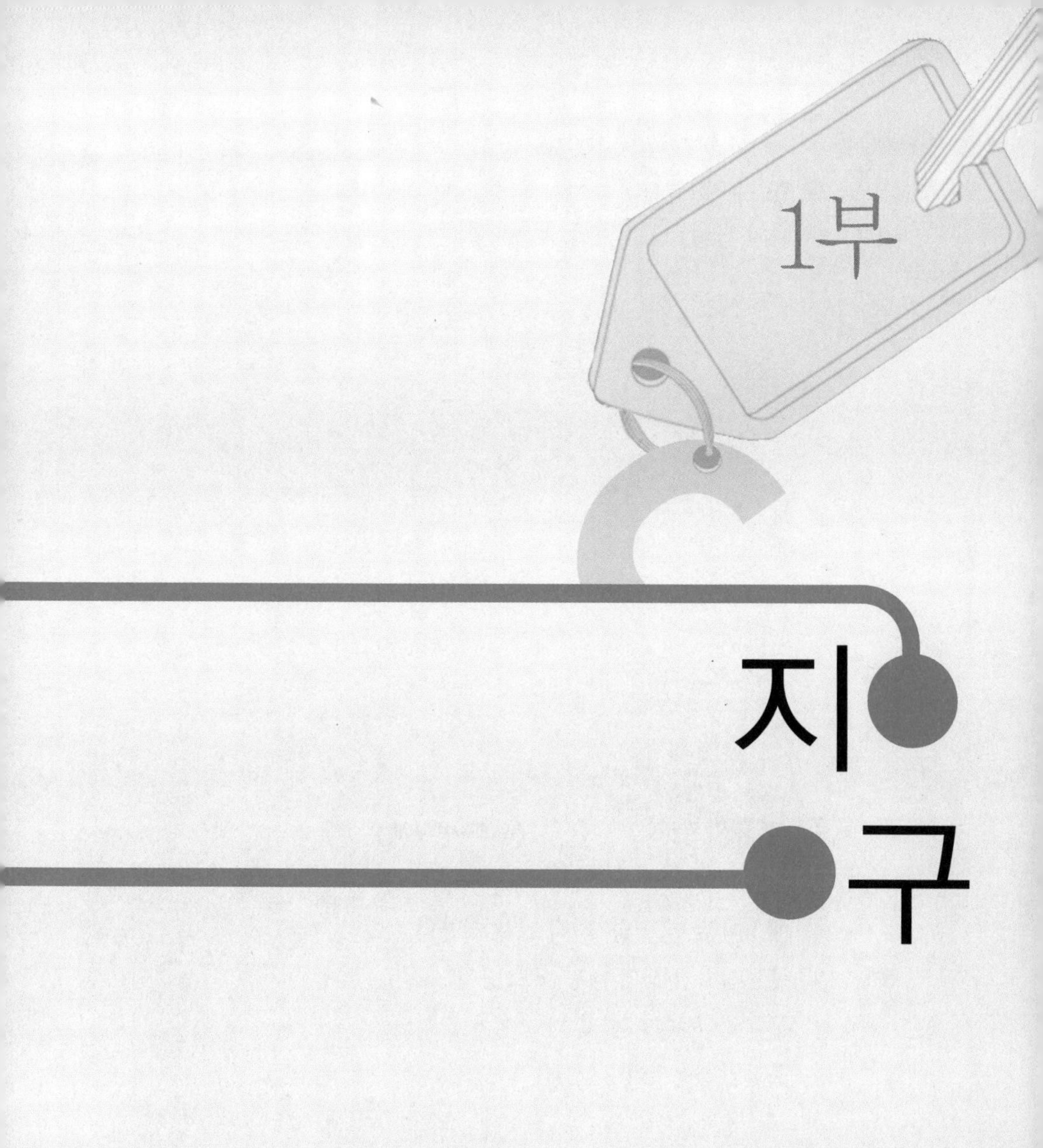


# 지구

# 우주가 열린다

### 〈우주 연극제〉

때 : 아주 먼 옛날. 다시 말해 시간의 시초

곳 : 갑자기 생겨 버린 어느 공간

무대 : 어둠, 또는 빛

등장인물 : 소리

제 1 장

_막이 열린다.

불이 켜졌다. 제1회 〈우주 연극제〉의 개막 작품은 1분도 안 되어 끝나 버렸다. 굉장한 폭발음만 들리고 막이 열리더니 그것으로 끝! 객석에서도 다들 웅성거린다. 다들 이 연극 뭐냐 하는 표정이 역력하다. 같이 간 우리의 곰은 표정 변화 하나 없이 앉아 있다.

뭐야? 끝난 거야? 뭐 이래?

뭘 기대했는데? 이 연극 제목이 '우주가 열린다'잖아. 우주, 열렸잖아?

아니, 뭘 기대했다기보다 '꽝' 하고 막이 열리고 그게 끝이라니, 이게 무슨 경우냐고.

내참. 원작에 충실하구먼 뭘 그리 툴툴대시나.

원작에 충실하다니? 이게?

저, 무식하신 분. 혹시 '빅뱅'이라고 들어 보셨나?

알지, 빅밴. 런던에 있는 커다란 시계탑이잖아.

그건 'Big Ben' 이고. 'Big Bang' 말이야.

아, 진작 영어로 말하지. 알지, 빅뱅. 그거 우주……, 그거잖아.

그래, 그거 우주……, 그거야. 아네. 그럼 뭐 이제 저 연극이 이해가 되지?

곰은 말을 해도 꼭 저렇게 얄밉게 한단 말이다. 그건 그렇고

'빅뱅'이 '우주 거 뭐 그런 거'라는 말은 어디서 주워듣긴 했는데 내가 뭔지 알 리가 없잖은가. 아, 아는 척이나 하지 말걸. 남들은 가방에서 전자사전을 꺼낼 때 기계치라서 첨단 문명의 혜택을 누리기 힘든 나는, '아날로그 시대가 좋았지'라는 변명을 늘어놓으며 가방에서 국어사전을 꺼내 든다. 흥, 아까 분명히 '꽝' 소리가 났으니까, 그래 어디 '꽝'을 뒤져 보자.

**꽝명** 1제비뽑기 따위에서 배당이 없는 것을 속되게 이르는 말.
¶ 그 사람은 이번 뽑기에서도 역시 꽝이 나왔다.

2바라던 바가 아닌 것을 속되게 이르는 말.
¶ 어제 맞선을 보았는데, 그 사람도 꽝이야.

이건 아니겠고,

**꽝**2**부** 1무겁고 단단한 물체가 바닥에 떨어지거나 다른 물체와 부딪쳐 울리는 소리. ¶ 문을 꽝 닫다.

2총이나 대포를 쏘거나 폭발물이 터져서 울리는 소리.
꽈르르 꽝! 꽝 소리와 함께 공사장의 발파 음이 천지를 진동했다.

오호, 이 '꽝'이로군. 그런데 폭발이라면 무슨 폭발이지? 아, 'Big Bang'이랬으니까 이번엔 영어사전을 뒤져 보자.

**Big** [big] a. 큰, 커진, 꽝꽝 울리는

**Bang** [b] n. 강타하는 소리. (탁, 꽝)

그래그래, 이거야 이거. 그러니까 빅뱅은 크게 '꽝' 하고 폭발하는 것을 말하는 것이지. 고등학교 때부터 써오던 이 빛바랜 사전에는 친절하게도 'Big Bang'까지 나와 있다.

**Big Bang** : 100~150억 년 전에 우주 생성 시에 있었다는 대폭발설.

음, 심봤다! 그러니까 빅뱅은 우주 대폭발설이구나. 그러니까 우주가 폭발한 거 그거? 그런데 우주 대폭발설이 뭐냔 말이다.

어때, 알아냈냐?

원래 알았다니까. 빅뱅은 우주 대폭발설이야.

영어사전에서 그렇게 말하디?

사전 뒤지는 거 봤냐?

어떻게 과학적 지식을 영어사전에서 찾냐? 그래, 우주 대폭발설이 뭔데 그럼?

음, 그건 집에 가서 인터넷 검색 찬스를 쓸 생각이다.

그래. 그럼 가라.

이럴 줄 알았다. 말해 봤자 본전도 못 찾을 줄 알았다. 이쯤에서 꼬리를 내리고 슬쩍 떠봐야겠다.

그런데 저 연극 말이야. 왜 막도 안 열고 '꽝' 하고는 비로소 막이 열려?

영어사전 찾아 봐.

튕기지 말고 알려 줘.

빅뱅 이론을 알아야 저 연극을 이해할 수 있어.

자, 이제 곰의 강의가 시작된다.

우주의 기원에 대한 가설은 여러 가지가 있지만, 현재 강력한 지지를 얻고 있는 가설의 하나가 빅뱅 이론이야.

잠깐, 가설이라 함은 언제든지 다음 타자에게 자리를 양보할 수 있다는 소리지?

물론 그렇지. 긴 시간 동안 하나의 이론이 자체 발전하거나 거부당하거나 하면서 지금 현재 일반적으로 받아들여지는 하나의 이론, 하나의 가설이 성립되는 거야. 도전과 응전의 과학사 같은 거. 이제부터 들려줄 빅뱅 이론도 마찬가지야.

일단 당신이 전제로 하고 들어야 할 것은 내가 지금부터 이야기하는 것들이 절대 진리는 아니라는 사실이지. 과학적 지식, 또는 지금의 과학적 세계관쯤으로 해 두자. 이를테면 예전엔 지구가 둥글지 않다든지, 지구 주위를 태양이 돌고 있다든지 하는 것들이 당시의 과학적 지식이고, 당시 사람들이 세계를 바라보는 시각이었던 거지.

뭐야, 그러니까 다 개뻥일 수도 있다는 거야?

개뻥이 뭐냐, 개뻥이. 그리고 그렇다는 게 아니라 지금 지지를 받고 있는 수많은 가설과 이론들이 또 다른 도전과 응전, 또는 발전과 변화 속에서 같이 움직인다는 거야. 참이든 거짓이든 또 다른 가설과 이론을 잉태할 수 있는 시발점이 되어 주거든. 지구가 둥글지 않다든지, 지구 주위를 태양이 돈다든지 하는 것들이 그저 개뻥이 아니라 지구가 둥글고 또한 지구가 태양 주위를 돈다고 하는, 지금은 상식이 되어버린 과학적 지식의 시발점, 또는 씨앗이 되었다는 소리야.

그래그래.

자, 빅뱅 이론에 대해서 간단히만 말해 줄게. 빅뱅은 우주 탄생에 대한 하나의 이론이야. 우주가 어떻게 탄생했을까에 대해 빅뱅 이론은 커다란 폭발과 함께 시작되었다는 이야기를 하지. 한 150억 년 정도 전에 시간도 공간도 아무것도 존재하지 않았던 상태에서 우주 대폭발이 일어난 거야. 우주의 태초는 커다란 폭발과 함께 시작되었다는 거지. 이 폭발이 만들어 낸 것은 '시간'과 '공간'이야. 어느 한 순간 거대한 폭발이 있었고, 그 순간 공간이 팽창되기 시작한 거지.

풍선을 생각하면 쉬운데, 풍선에 점을 하나 찍고 풍선을

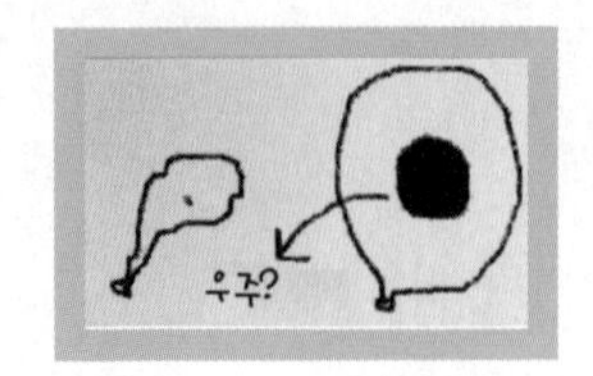


불면 그 점이 팽창하잖아? 그렇게 우주라는 공간이 팽창하기 시작했다는 거지. 물론 우주 밖에는 무엇이 있는지 아무도 모르지만. 어쨌든 우주는 그렇게 팽창하기 시작했는데 앞으로도 계속 팽창할지 줄어들지, 아니면 지금 그대로일지는 아무도 모르지.

좀더 자세한 이야기는 나중에 들려줄게. 이 정도면 저 연극을 이해하는 데는 별 무리가 없을 테니까.

응, 그러니까 저 연극 무대처럼 막이 열리기 전에는 무엇이 일어나고 있는지, 그 막 뒤에는 무엇이 있는지 아무것도 모르는 상태다. 그런데 어느 순간 '꽝' 하는 굉음이 울리고 대폭발이 일어난다. 그리고 그제서야 비로소 막이 열리면서 우주라는 시간과 공간이 시작된다, 뭐 그런 거지?

그런 셈이지.

그럼 지구는? 지구는 어떻게 생겨난 거지? 우주가 대폭발로 생겨난 거라면 우리 지구는 소폭발로 생긴 건가?

너네 지구는 폭발로 생겼냐? 내 지구하고 다른가 본데?

자, 또 시작이다. 고분고분 말하지 않고 꼭 걸고넘어지는 저 버릇!

# 지구라는 별이 있다

나 어릴 적에 유행했던 유치한 짓거리 중에는 편지에 쓰는 주소와 관련된 것이 있었다. 요즘에야 이메일을 주고받으니 주소라는 게 무척 간단해서 '아이디@이용포털'이면 끝나지만, 사람이 봉투에 쓰는 주소는 그렇지 않아 'OO시 OO구 OO동 OO번지 O통 O반 아무개 받음'의 단계를 거쳐야 했다. 그 시절 치기어린 마음에 나는 이 주소에서 더 나아가 '우주, 태양계, 지구에 있는 대한민국'을 덧붙이고는 했었다.

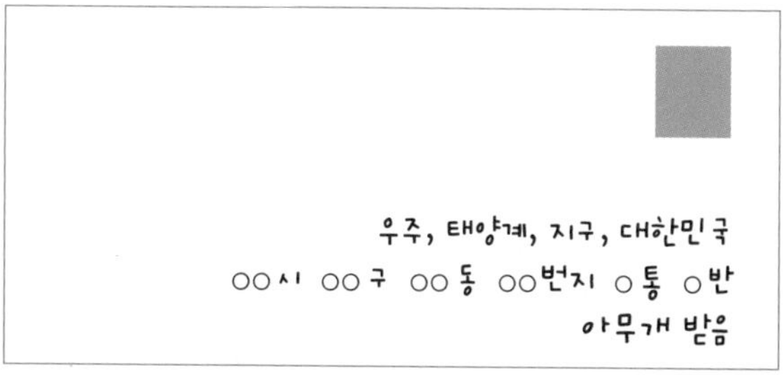

우주, 태양계, 지구, 대한민국
OO시 OO구 OO동 OO번지 O통 O반
아무개 받음

아무 생각 없는 행동이어서 확장된 세계관의 반영이라든지 하는 것들을 갖다 붙이기에는 뭣하지만, 여하튼 내 안에 지구와 우주가 있기는 있었던 모양이다. 비록 눈에 보이지는 않았지만, 지금도 눈에 보이지는 않지만.

내친 김에 곰에게 편지를 보내 보자.

우주 봉구 보냄

우주, 태양계, 지구, 대한민국
곰시 곰구 곰동 곰번지 곰통 곰반
곰 받음

곰

안녕(이라고 하고 나니 별로 할 말이 없군), 나도 안녕.

뜬금없이 왜 아날로그 편지냐고 물을지 모르겠네. 글쎄, 그냥 그래 보고 싶었다고 하면 대답이 될까. 뭐 어쨌든 간에.

어제 연극 보고 집으로 돌아가는 길에 곰곰 생각을 해 봤어. 밤하늘의 별을 보고 생각에 잠겼다고 하고 싶지만, 그건 사실이 아니고 터벅터벅 아스팔트 위를 걸으며 말이지.

우주가 있고 그 안에 지구가 있고, 지구에 세계가 자리하고 그

세계 안에 우리나라가 있고, 우리나라 안에 또 내가 있고……. 음, 너무 복잡해지더군. 그래서 곧 생각을 멈추었지. 생각이라는 건 제때 통제해 주지 않으면 걷잡을 수 없어지거든.

그냥 이런 거야. 사실 내가 생각하는 나의 테두리는 내 발길이 닿는 곳까지였지만, 시선을 확장하면 결국 내가 사는 곳은 지구적이고 우주적인 영역까지 확대될 수 있겠구나 뭐 그런 거. 그러고 나니 갑자기 나의 지구, 당신의 지구가 될 수도 있는 이 지구는 어떻게 생겨났는지 궁금해지더군. 내 부모님이 나를 가지셨듯 우주가 지구를 잉태한 걸까. 아니면 지구도 뭔가의 폭발로 생긴 우연의 산물일까.

아, 폭발은 아니겠군. 그때 당신이 빈정거린 걸 보니. 뭐 여하튼 지구라는 별은 어떻게 태어난 건지 알고 싶어지대. 이 학구적인 태도! 그런데 학구적인 태도를 실천으로 옮기기에는 조금 무리가 따르네. 그래서 사실 이 편지를 쓴 거야. 지구가 생겨난 경위를 알기 쉽게 알려 주길 바람! 그럼 답장 기다리며 여기서 이 편지는 끝!

2010.11.2. 봉구

답장이 올까? 내 생각은 이렇다. 이것이 현실이라면 답장이 올 확률은 0에 가깝지만, 행인지 불행인지 이것은 현실이 아니라서 답장이 온다. 아니나 다를까, 보란 듯이 그리고 이런 말끝에 민망하게 답장이 왔다. 글쎄, 이것을 답장이라고 해도 좋다면 말이다.

〈지구 탄생 경위서〉

대상자 이름 : 지구

대상자 나이 : 46억 살로 추정됨

대상자 본적 : 우주

경위서 작성자 : 곰

사건의 개요 : 지구는 우주 먼지와 가스로 이루어졌다

1. 초기 우주 탄생 시기의 우주는 매우 뜨거웠습니다. 이 뜨거운 우주가 점차 식어 가면서 가스가 생겼는데, 처음에는 대부분이 플라즈마 상태의 수소였습니다. 플라즈마 상태라는 것은 벌거벗은 원자라고 할 수 있습니다. 온도에 따라 고체, 액체, 기체로 상태가 바뀌는데 매우 높은 온도가 되면 원자 간의 결합이 다 해체되고, 원자 알갱이도 전자와 핵이 분리되는 단계에 이르게 됩니다. 이 상태를 '플라즈마'라고 합니다. 이 플라즈마 상태의 수소가 모여서 하나의 별을 만들게 되었습니다.

플라즈마 **고온에서 원자의 결합이 해체되어 전자와 핵으로 분리된 상태.**

2. 별이 나이 들고 죽음을 맞으면서 그 별의 잔해가 우주를 떠돌게

되는데, 이 물질들을 먼지라고 할 수 있습니다. 결국 우주 먼지는 이전 별의 잔해라고 할 수 있습니다. 우주에는 이러한 우주 먼지들이 많이 떠돌아다니고 있습니다. 이 우주 먼지와 가스는 서로를 끌어당기는 인력으로 인해 뭉쳐지고, 다시 새로운 별이 탄생하게 됩니다.

3. 먼지와 가스가 모여서 커지면 주변의 다른 우주 먼지와 가스를 더 많이 끌어들이게 되고, 따라서 점점 덩치가 커지면서 회전하게 됩니다. 그 중심에는 큰 덩어리가 만들어지고 그 주변에 작은 덩어리들이 생기는데, 이렇게 생겨난 별들 중 하나가 지구입니다.

지구

"지구라는 별이 있다"라고 말하면, 아직 사람들은 잘 모르지만 분명 어딘가에 있는 장소 같은 느낌이 든다. 그리고 지도를 꼼꼼하게 살펴보면 그곳은 실재한다. 그 말을 한 사람은 지구라는 별에 다녀온 적이 있는 사람 같다. 사람이라는 말은 적절하지 않을지도 모르겠다. 사람은 지구 전용 용어라 지구에서만 통용되는 단어일지도 모르니 말이다. 그럼 여기서는 일단 '그들'이라고 해 두자.

그들에게 "그래, 지구가 어디야? 어떤 곳인데?"라고 물으면 뭐라고 대답할까? 그리고 지구에 살고 있는 우리는 그들의 대답을 어떻게 받아들일까?

《은하수를 여행하는 히치하이커를 위한 안내서 The Hitchhiker's Guide to the Galaxy》 더글러스 애덤스(Douglas Adams)의 코믹 SF 소설.

《은하수를 여행하는 히치하이커를 위한 안내서》라는 소설에 등장하는 책, '은하수를 여행하는 히치하이커를 위한 안내서'의 지구 항목을 보면 지구는 단 한 줄의 문장으로 처리되어 있다.

**"대체로 무해함."**

지구에 사는 우리는 저 문장에 "엥, 겨우 저거야?"라는 반응을 보일 수밖에 없다. 이 지구에 발붙이고 사는 우리로서는 너무 커서 볼 수도 없는 존재인데, 그리고 이 안에서 얼마나 많은 일들이 일어나고 있는데 은하수를 여행하는 여행객들을 위한 안내서에는 단지 '대체로 무해'할 뿐이라니.

하지만 그들을—그들이라 함은 은하수를 여행하는 히치하이커를 위한 안내서를 출간하는 그들과 그 책을 읽고 '응, 지구는 대체로 무해하군'이라고 고개를 끄덕일 그들을 말한다— 탓할 수는 없다. 우리는 뭐 별다를까? 우리 역시 마찬가지일 것이다. "화성에는 생명체가 없어"라고 말하지만 화성의 어느 한 진흙에서는 생명체가 생명을 들이마시고 있을지도 모를 일이므로.

우주, 광활한 우주. 인간의 눈으로는 이 공간의 시작과 끝을 알 수 없는 우주에서 지구는 수없이 명멸을 거듭하는 하나의 별에 불과할지 모른다. 그러나 우리 인간에게는 우리가 수없이 명멸을 거듭하는 별이기도 하다. 그리고 우주에서는 이 지구가 우주의 어느 별들의 잔해로 이루어진 우주의 기억, 우주의 DNA를 가진 하나의 별로 우주를 돌고 있는 별이다.

## 지구의 나이를 알기 위한 몇 가지 방법

앞 장의 답장인지 경위서인지를 보면, 지구의 나이는 46억 년으로 추정된다고 했다. 그런데 어떻게 알아낼 수 있었을까? 곰이 46억 년 동안 살아왔을 리는 없고, 도대체 지구가 46억 년 정도 전에 생겼으리라는 추정은 어디서 나온 걸까? 아니지, 혹시 알고 보면 저 곰은 46억 살일지도 모른다. 가능할 것 같지는 않지만, 혹시 가능할지도 모른다. 이 세계를 만만하게 봐서는 안 된다. 그래, 당장 문자를 보내보자. 밑져야 본전이다.

- 이봐, 곰 당신 46억 살이지? 지구랑 같이 태어났지?
- 헛소리 좀 작작해라. 그게 말이 되냐?
- 그런데 어떻게 지구가 46억 년 되었다는 사실을 아는 거지?
- 답은 '돌만이 알고 있다'로 해 두자. 돌의 나이를 알면 지구의

나이도 알 수 있지. 자료를 보내 줄 테니까 참고하고, 문자 날리지 마!

음, 그럼 본전은 건진 건가. 곰이 보낸 자료는 두 가지이다. 하나는 돌과의 인터뷰 기사이고, 또 하나는 돌의 전설이 담겨 있는 설화집이다.

**첫번째 방법 :**

**본지 독점 인터뷰 〈이제는 말할 수 있다〉**

봉구: 오늘은 긴 시간 동안의 침묵을 깨고 본지와의 인터뷰에 응해주신 Rock Stone 씨의 심경 고백을 듣겠습니다. 안녕하십니까, Rock Stone 씨.

돌: 안녕하십니까, 봉구 씨. 그런데 제가 한국으로 귀화하면서 이름을 바꾸었습니다.

봉구: 어떻게 그런 결정을 하시게 되었지요?

돌: 한국의 유치환 님의 시를 읽고 나서지요. 그분의 시를 아십니까?

내 죽으면 한 개 바위가 되리라.
아예 애련愛憐에 물들지 않고

희로喜怒에 움직이지 않고

비와 바람에 깎이는 대로

억년億年 비정非情의 함묵緘默에

안으로 안으로만 채찍질하여

드디어 생명도 망각하고

흐르는 구름

머언 원뢰遠雷

꿈꾸어도 노래하지 않고

두 쪽으로 깨뜨려져도

소리하지 않는 바위가 되리라.

봉구: 아, 〈바위〉 말씀이시군요. 저도 좋아합니다만. 그럼 귀화하시면서 개명도 하셨나요?

돌: 네. 한국적이면서도 향토적인 느낌을 살려 한바우라고 지었습니다. 호는 돌이지요.

봉구: 아, 그럼 지금부터는 돌 선생님이라고 불러야겠군요.

돌: 하하. 편하실 대로. 사석에서는 그냥 바우라고 부르셔도 저는 상관없습니다.

봉구: 자, 그럼 본격적인 심경 고백을 들어도 될까요? “이제는 말할 수 있다”, 도대체 이제는 뭘 말할 수 있다는 거지요?

돌: 나이에 관한 것입니다. 사실 사람들은 제 나이에는 관심이 없지요. 제가 워낙 동안이다 보니 언제 봐도 모습이 변

함이 없거든요. 하지만 사실 저는 참 오랜 세월 동안 모든 것을 묵묵히 지켜본 사람입니다.

봉구: 오랫동안이라 함은?

돌: 그게……. 자, 우선 이거라도.

봉구: 이건 우황청심환 아닙니까?

돌: 네, 진정하시라는 뜻에서. 제 나이는 35억 살입니다.

봉구: 오, 이런. 제가 보기엔 아무리 봐도 35살 정도밖에는 안 보이는데요? 정말 놀라울 뿐입니다. 수술이라도 받으신 겁니까?

돌: 아예 애련에 물들지 않아 그럴 뿐입니다.

봉구: 그럼 35억 년을 사시는 동안 정말 이 꼴 저 꼴 다 보셨겠군요.

돌: 호호. 그렇지요.

봉구: 웃음이 여성적이시네요.

돌: 네. 저는 남성과 여성을 반복하면서 살고 있답니다. 중요한 건 성性이 아니라 묵묵한 삶이지요.

봉구: 정말 존경스럽습니다. 그 긴 시간 동안 인간들의 사랑과 증오, 배신과 야망, 꿈과 희망을 모두 봐 오시면서도 묵묵한 삶이라니요. 그런데 실례가 되지 않는다면 친구나 가족 분들은 어떻게 되셨는지 여쭤봐도 될까요?

돌: 믿을 만한 친구들은 여전히 남아 있지요. 중학생 때부터 알고 지낸 친구는 지금 미국에 산답니다. 그랜드캐년이지

요. 부모님은 소식이 끊긴 지 오래지만 대신 형님은 한 분 계셨어요. 저보다 10억 살 정도 많으신데 저 때문에 고민고민 하시다가 결국 유학을 가셔서 지금은 달나라에 계십니다. 달에서는 월석 선생이라고 하면 다들 아는 유명인이 되어 있지요.

봉구: 그럼 돌 선생은 의지가지없이 지내신 건가요?

돌: 뭐 원래 인생이 그렇지 않습니까? 하지만 그래도 제가 이 묵묵한 삶을 안으로 안으로 인내할 수 있게 뜨거운 품을 열어주신 분이 계시지요. 그분 덕에 제가 이렇게…….

봉구: 생각만 해도 감격스러우신 모양이군요.

돌: 그럼요. 지금도 저를 품 안에 안고 계신, 제 삶의 원천이신 분인데요. 비단 저뿐만이 아닐 겁니다.

봉구: 누구신지 여쭈어도 될까요?

돌: 땅 '지地' 자, 원 '구球' 자를 쓰시는 지구地球 어르신입니다.

봉구: 앗, 먼지와 가스로 만들어졌다는 그분 말씀이십니까? 여기서는 아무도 볼 수 없지만 밖으로 나가면 저 멀리서 푸르게 빛난다는 그분? 도대체 나이의 흔적이 보이지 않는다는 그분?

돌: 네, 역시 알고 계시는군요.

봉구: 물론이지요. 아, 지구 어르신의 건강은 좀 어떠신가요? 요즘 들리는 소문에는 좀 아프신 게 아닐까 걱정도 되던데요.

돌: 네, 아무래도 어르신 연세가 있으시니 예전 같지는 않으

시지요. 게다가 요즘 어르신의 심기를 불편하게 만드는 일들이 계속 일어나고 있거든요.

봉구: 아, 별일 없으셔야 할 텐데요.

돌: 그러셔야지요.

봉구: 그런데 "이제는 말할 수 있다" 인터뷰를 자청하신 것이 지구 어르신과 무슨 관련이 있나요?

돌: 네. 제가 뭐 나이 대접을 받겠다는 것은 아니지만, 그냥 나이만 먹은 것은 아니지 않겠습니까? 35억 년을 사는 동안 제 나름대로 혜안을 가지게 되었다고 하면 자화자찬일지 모르겠습니다만, 긴 시간 동안 많은 것을 보고 느끼게 되었지요. 그런데도 사람들은 그저 이리저리 채이는 돌멩이처럼 홀대를 하더군요. 그리고는 죽은 사람 취급하면서 잊고 지내지요.

하지만 말입니다. 지금 제 앞에 계시는 봉구 씨도 그렇고 저도 그렇고, 지금 이 인터뷰를 보고 계시는 분들도 그렇고, 이 모든 분들이 다 사실은 지구 어르신의 비호 아래 지금까지의 세월을 보낼 수 있었다는 것을 말씀드리고 싶었습니다.

저는 제가 보낸 35억 년의 세월을 가능하게 해 준 지구 어르신께 감사의 뜻을 전하고자 긴 시간의 침묵을 깨고 제 나이를 밝힌 거지요. 나이가 별거냐 하시겠지만 글쎄요, 과거와 현재와 미래가 다 제 안에 있으니까요. 그리고 저는 지구 어르신 안에 있고 말입니다. 어르신은 46억 년의 세월을 보내고 계시지요. 46억 년의 세월 동안 저뿐 아니라 이 세계의 모든 것을 가능하게 해 주신 분이시지요.

봉구: 아, 지구 어르신이야말로 태고부터 21세기인 지금까지 묵묵히 이 세상을 안고 조용한 행보를 계속하고 계신 거로군요. 저 역시 제 눈앞의 일들만 급급해 지구 어르신의 세월 속에 우리가 담겨 있다는 사실을 미처 깨닫지 못했었습니다.

돌: 다들 그렇지요. 제가 제 나이를 밝히는 것은, 지구 어르신이 우리를 보듬고 보낸 세월에 대해 알려 드리고 싶어서이지 다른 이유가 있는 것은 아닙니다. 전 이제 겨우 35억 살일 뿐인 걸요. 지구 어르신은 46억 살을 사시면서 언제나 조금씩 조금씩 저 우주를 걷고 계시지요.

봉구: 아, 참 감격스럽군요. 돌 선생님과의 인터뷰를 통해 많은 것을 깨닫게 되었습니다. 이렇게 시간 내주셔서 감사합니다.

돌: 시간은 지구 어르신이 주신 선물이지요. 저도 역시 즐거운 인터뷰였습니다. 이제 다시 제자리로 돌아가 묵묵한 삶을 살겠습니다.

음, 징한 돌이다. 하지만 돌의 나이가 35억 살인 것은 또 어떻게 알지? 두 번째 자료를 읽어 봐야겠다.

## 두 번째 방법 : 〈돌의 전설〉

어느 이상한 별에 가난한 외계인 어머니가 살고 있었습니다. 이 어머니에게는 딸이 세 명 있었습니다. 큰딸 돌프로디테는 가장 아름다운 처녀로, 누구나 한번 보면 그 미모에 넋을 잃고 말았지요. 둘째 돌라는 꼿꼿한 자존심을 지닌 아가씨로, 남에게 지기 싫어하는 성격이라 늘 언니의 미모를 시샘하곤 했습니다. 막내 돌테네는 위의 두 언니들보다 미모는 떨어지지만 두 언니들에게는 부족한 영리한 두뇌를 지니고 있었어요.

세 자매와 어머니는 가난하지만 그래도 밝게 웃으며 살았답니다. 그래서 주변의 외계인들은 저 세 자매의 집이 가장 밝게 빛난다고 말하곤 했지요. 실제로도 세 자매와 어머니가 사는 집은 늘 반짝반짝 빛이 났답니다.

그러던 어느 날, 세 자매의 어머니가 그만 일터에 나갔다가 불의의 사고로 돌아가시게 되었답니다. 세 자매는 슬픔에 겨워 어쩔 줄을 몰랐지요. 세 자매는 누가 먼저랄 것도 없이 울기 시작했답니다. 세 자매가 흘린 눈물의 양이 얼마나 많았는지 주변의 외계인들은 슬슬 세 자매를 싫어하기 시작했습니다. 처지가 딱한 것은 알지만 석 달 열흘을 울어대는 통에 불면증은 물론이요, 주변의 물이 범람하기 시작했거든요.

주변의 외계인들은 세 자매에게 자기네들의 이 이상한 별을 떠나 달라고 부탁했습니다. 세 자매는 기가 막혔지만 어떻게 생각하면 이제 슬픔을 거두고 새로운 곳에서 새로운 삶을 시작하는 것도 나쁘지 않을 것 같았습니다.

세 자매는 그 길로 그 이상한 별을 떠났습니다. 그들은 꿈의 별이라고 불리는 푸른별을 찾아가기로 했습니다. 천신만고 끝에 세 자매가 도착한 푸른별은 지구였습니다. 그런데 지구에서 살기 위해서는 몇 가지 관문을 통과해야 했습니다. 어디서든 외계인은 쉽게 받아 주지 않는 법이니까요.

지구에 들어가기 위해 세 자매가 넘어야 하는 첫 번째 관문은 세상에서 가장 아름다운 것을 찾아오라는 것이었습니다. 첫째 돌프로디테는 그거라면 찾고 말고 할 것도 없다고, 바로 자기라고 말하고 나섰지요. 그러자 시샘이 많았던 둘째 돌라는 "웃기네, 그건 나야" 하고 언니를 막아섰지요.

"시끄러, 이 못난아". "뭐, 못난이라고?" 곧 둘 사이에는 싸움이 붙었답니다. 돌프로디테와 돌라는 격렬하게 싸우다가 그만 부글부글 끓고 있던 지구 속으로 빨려 들어가 버렸지요. 들리는 말로는 지구 속에서 지금도 내가 더 예쁘다, 아니다 내가 더 예쁘다 하며 부글부글 싸우고 있다고 합니다.

두 언니들이 싸우느라 정신없는 동안, 막내 돌테네는 세상에서 가장 아름다운 것이 무엇일지 곰곰 생각에 잠겼답니다. 그때 목소리가 들렸어요. "그래, 세상에서 가장 아름다운 것을 찾았느냐?" 돌테네는 가만히 웃으며 발아래 있는 돌을 가리켰습니다. "돌이지요, 세상에서 가장 아름다운 것은 바로 이 돌입니다. 아름다움이 무엇인지요, 변하지 않는 영원한 가치 아닙니까? 아름다운 외모야 물론 나무랄 데 없겠지만 언젠가는 변하겠지요. 어디 그뿐이겠습니까? 다툼이 끊이지 않겠지요." 돌테네는 잠시 슬픈 눈으로 지구 아래에서 지금도 들려오는 두 언니의 다툼을 떠올렸습니다. "하지만 돌은 아닙니다. 언제나 변치 않는 모습으로 여기 이렇게 있고, 앞으로도 그럴 것입니다." 목소리는 껄껄 웃으며 'O.K' 사인을 보냈습니다.

첫 번째 관문을 통과한 돌테네가 맞닥뜨린 두 번째 관문은 지구에서 가장 오래된 돌의 나이를 알아 오라는 것이었습니다. 이번에는 돌테네도 어쩔 줄 몰라 고민에 빠졌습니다. 돌은 말을 하지 않았거든요. 지구 아래에서 싸우던 두 언니에게 지혜를 요청했지만 두 언니는 들은 체 만 체 계속 싸우기만 했답니다.

아무리 돌에게 물어봐도 나이를 말하지 않지, 두 언니는 싸우기만 하지, 돌테네는 서러워져서 엉엉 울었습니다. 그때 지나가던 곰이 말했습니다. "돌에게 물어봤자지, 돌의 나이를 아는 법은 따로 있어요." 이 말을 들은 돌테네는 지나가던 곰에게 태클을 걸어 돌의 나이를 알려 달라고 졸랐습니다. 곰은 귀찮았지만 넘어진 김에 그냥 쉬었다 가려고 술술 불기 시작했습니다.

이제부터는 곰의 이야기입니다.

“돌의 나이를 아는 법은 간단합니다. 반감기를 이용하면 간단하지요. 그럼 반감기란 무엇이냐? 이것 역시 간단합니다. 반으로 줄어드는 기간이라는 뜻이지요. 그럼 반으로 줄어드는 것이 무엇이냐? 이것 역시 간단합니다. 원자의 비율이 반으로 줄어드는 것이지요. 그럼 모든 원자가 반으로 줄어드냐? 이것 역시 간단합니다. 방사능을 내는 원자가 있는데, 이 원자들은 불안정하기 때문에 시간이 지나면 보통의 원자가 됩니다.

요약하자면 이렇습니다. 방사능을 내는 원자는 시간이 지나면 일정한 비율로 보통의 원자가 되는데 그 기간을 반감기라고 한다, 이 말씀입니다. 자, 그럼 반감기로 어떻게 돌의 나이를 알 수 있느냐? 아, 물론 간단합니다. 원자 100개로 이루어진 돌이 있다고 칩시다. 그리고 그중에 방사능을 내는 원자는 10개가 있다고 칩시다. 그런데 이 방사능을 내는 원자는 절반으로 줄어드는 데 1년이 걸린다고 칩시다. 이제 원자 100개 중 방사능을 내는 원자가 5개가 되었다고 칩시다. 그럼 이 원자는 1년 된 돌인 거지요. 이런 방법으로 지구에서 가장 오래된 돌의 나이를 알아보면 그 연식이 약 35억 년쯤 된다, 이겁니다. 간단하지요?

자, 이제 보너스로 당신이 도착한 이 지구의 나이도 알려 드립지요. 물론 간단합니다. 저 돌이라는 녀석은 지구가 만든 가장 오래된 놈이지요. 아, 물론 바람도 있고 물도 있지만 태고의 안정된 형태를 지닌 놈은 저놈뿐이거든요. 그런데 저 돌이 35억 년쯤 된 돌이니 당연히 지구는 그것보다는 나이가 많겠지요? 게다가 달에 있는 돌은 45억 년쯤은 지났습니다. 그래서 지구의 나이는 대략 46억 년은 되었을 것이다, 뭐 이런 거지요. 간단하지요?"

"전혀 간단하지 않잖아!" 돌테네는 투덜거렸지만 그래도 돌의 나이를 알아낼 수 있었지요. 돌의 나이와 보너스로 지구의 나이까지 맞춘 돌테네가 넘어야 하는 세 번째 관문은 이 지구에서 무엇이 될 것인가 하는 문제였습니다. 외계인들은 지구에 어울리는 '무엇'인가가 되어야만 했거든요.

아시다시피 모든 이야기에서 세 번째 관문은 가장 어렵기 마련이지요. 돌테네도 그랬습니다. 이상한 별에서 살다가 갑작스러운 어머니의 죽음으로 슬픔을 알았지요. 눈물을 흘리니 주변의 외계인들이 너희랑은 못 살겠다며 떠나라지요. 간신히 도착한 지구는 여기에서 살려면 세 가지나 되는 관문을 넘으라지요. 설상가상 첫 번째 관문을 넘지도 못하고 두 언니는 싸우다가 지구 중심으로 떨어졌지요. 그런 주제에 돌테네에게 도움은 못 줄지언정 지금도 싸우고 있지요(사실, 돌테네는 언니들이 싸우는 소리에 있던 자매 간의 정도 다 달아날 뻔했답니다). 지나가던 곰은 잘난 척하면서 어려운 이야기나 하고 있지요.

자, 여러분이라면 이 세 번째 관문을 어떻게 넘으시겠습니까? 우리의 돌테네는 드디어 입을 열었습니다. "제 업보를 쌓고 쌓고, 이 꼴 저 꼴 다 묵묵히 견딜 수 있게만 해 주십시오." '펑' 소리와 함께 돌테네가 서 있던 자리에 돌테네는 온데간데없고 단단한 돌이 하나 우묵하니 박혀 있었습니다. 그리고 그 돌은 그 때부터 업보를 쌓아 가며, 이 꼴 저 꼴 다 묵묵히 견디며 그 자리에 우묵하니 박혀 있다고 합니다. 그것이 바로 돌테네의 돌입지요.

들리는 말로는 누군가는 'Rock Stone'이라고 부르기도 하고, 또 누군가는 '한바우'라고 부른다고도 하더군요. 믿거나 말거나, 업어 치나 메치나.

그랜드캐년처럼 오래된 지층의 가장 아래 있는 돌을 채집해 방사능을 내는 원자의 반감기를 이용하여 계산하면 지구에 있는 가장 오래된 돌의 나이를 짐작할 수 있다고 한다. 그렇게 하여 알려진 것이 지구에서 가장 오래된 돌은 35억 년쯤 되었다는 사실이어서, 한때는 지구의 나이를 40억 년 정도로 추정한 적이 있었다. 그러나 나중에 달에서 채집한 돌의 나이를 조사해 보니 45억 년 정도 지났다는 사실이 밝혀졌고, 달이 지구보다 나중에 생겼다고 본다면 지구의 나이는 그보다는 많을 거라고 추정된다는 뭐 그런 이야기. 물론 이렇게 간단할 리는 없지만 간단히 말하자면 그렇다는 이야기다.

그렇다면 지구가 탄생하고, 이 지구에 돌이 생기기 전까지의 태초의 시간 동안 지구에서는 무슨 일들이 일어났던 걸까. 아주 먼 옛날, 지구 태초의 모습은 어땠을까.

## 곰과 태초의 지구로 떠나다

곰과 여행을 떠나기로 했다. 곰은 곰 주제에 걸음이 빨라서 곰과의 여행은 걱정이다. 발발거리고 쫓아다니다가 끝나는 건 아닐까. 도무지 남의 걸음걸이에 대한 배려가 없는 곰이다.

이번 여행을 어떻게 가게 되었는가 생각하면 뭐 툴툴거릴 처지는 아니다. 이번에 새로 시작하는 여행사의 이벤트에 당첨된 사실상의 공짜 여행인 것이다. 단지 마음에 걸리는 사실 하나는 이번 여행이 안락한 고급 여행, 그러니까 별 다섯 개짜리 호텔에서 조식 받아먹으며 호화 유람선 타고 돌아다니거나 하는 럭셔리 투어가 아니라는 점, 럭셔리가 아니면 그래도 보통의 일반적인 여행은 되지 않겠느냐 묻는다면 문제는 그것도 아니라는 점.

그렇다면 이 여행의 정체가 무엇이냐 묻는다면 아, 그것은 괴롭게도 오지 생태계 여행이라는 사실이다. 에이, 뭐 그런 거라면 지금도 많이 가지 않느냐, 가서 뭐 부족 사람들과 잘 어울리고 단백질 덩어리인 애벌레 눈 딱 감고 먹고 그러면 되는 거야, 라고 하신다면 아아, 불행히도 곰과 나의 이번 여행은 단지 그 정도의 오지가 아니라는 점, 그 정도의 오지라면 그건 우리 여행에 비해 럭셔리 투어라는 걸 굳이 말하고 싶다.

아, 정말이지 나는 가고 싶은 건지 안 가고 싶은 건지도 모르겠다. 안락한 도시 생활을 접고 이제 이상한 나라로 뛰어들어야 할 판이다. 그럼 안 가면 될 거 아니냐 하겠지만 생각해 보시라, 공짜면 소도 잡아먹는다고 했다. 아, 공짜는 너무 힘이 세다.

이 공짜의 힘으로 우리가 발 디딜 무지막지한 오지 생태계 모험의 첫 장소는 '태초의 지구'다. 결정적으로 산소탱크까지 등에 지고 가야 할 판국이다.

이제 시작이다.

## 첫날

태초의 지구에 도착했다. 이런 세상에. 산소통만 필요한 게 아니었다. 여행사 직원으로부터 이곳은 지금 여러분이 숨 쉬는 공기와는 성분이 다르니 미리 충분한 공기를 준비해 가시는 게 좋을 거라는 말은 들었지만, 이렇게 비가 올 거라는 말은 못 들었다. 이런 젠장, 여행에서 날씨가 얼마나 중요한데.

물론 비상용으로 준비한 작은 우산은 있지만 이걸로는 어림도 없다. 비도 보통 비가 아니다. 살다 살다 이렇게 많은 비는 처음 본다. 폭우라는 말로도 부족하다. 흔히 비가 많이 올 때 사람들은 하늘에 구멍이 났나 싶게 온다고들 하는데, 이게 단지 비유가 아니었다! 진짜 하늘에 구멍이 났다. 아니, 그냥 뻥 뚫려 있다. 그리고는 폭폭 폭우가 내린다. heavy, heavy, heavy…….

내가 보기엔 이러다가 지구가 떠내려갈 지경이다. 여행 첫날부터 뭔 놈의 비가 이렇게 오냐. 곰과 나는 우리가 도착한 터미널에서 멍하니 비만 바라보았다. 망연자실. 아, 한 걸음 내딛기가 두렵다. 곰은 우산을 펴자, 같이 가자는 일언반구 말도 없이 내 쪽을 한번 쓰윽 보지도 않고 빗속으로 걸어 나간다. 그리고는 태초의 지구에 내리는 첫 비를 맞는다. 그러더니 잠시 움찔한다. 그리곤 또 혼자 터벅터벅 걸어간다.

"이봐, 곰. 같이 가."

그나마 유일한 일행을 놓칠까 봐 나는 황급히 곰을 뒤쫓아 갔다.

"앗, 뜨거!"

뭐야, 이거. 이놈의 비가 뜨겁기까지 하다. 저런 곰 같으니라고. 이렇게 뜨거운 비를 맞았으면 말을 해야지 한번 움찔하고는 그냥 가? 이대로 계속 맞다가는 화상을 입을 게 뻔한데. 믿거나 말거나 출발 전에 '어떠한 환경의 여행지에서든 겨우겨우 견딜 수는 있게 해 주는 알약'을 두 알 먹고 왔기에 망정이지, 하마터면 여행 와서 비 맞고 타 죽을 뻔했다. 저 곰은 혹시 세 알 먹은 거 아냐? 저렇게 멀쩡하게 가는 걸 보면. 아, 더 이상 욕할 형편이 아니다. 빨리 곰을 따라가지 않으면 길을 잃을지도 모른다. 여행사 직원이 준 지도며 구급약, 여행 일정을 다 저 곰이 가지고 있다.

후다닥 뛰어가는 내 위로는 나 하나쯤은 너끈히 구멍을 내거나 태울 것 같은 폭우가 내리붓고 있다. 내가 달리는 땅은 아, 땅이 아니다. 이건 돌땅이다. 내 발이 딛고 있는 것은 부드러운 흙도 아니고 바닷가 모래사장도 아니고 암석들이다. 어쩐지 발이 아프더니만. 발이 아프다고 느끼자마자 이번엔 발에 열기가 느껴진다. 너무 뛰었나. 그런데 신발 밑창에서 연기가 난다.

아아, 이놈의 '태초의 지구'라는 오지는 땅마저 돌이고, 돌마저 뜨겁다. 내 발 아래 암석들은 열에 달구어져 뜨끈뜨끈한 '뜨거운 돌'이었다. 위아래로 아주 나를 익히는구나. 이러다가 공짜 여행 와서 완전히 익어 버리겠다.

"곰– 곰– 멈춰라, 곰."

곰을 불렀다. 멈추었냐고? 다행히 멈추었다.

"그만 가자. 더 이상 갈 곳도 없다. 가도 가도 이럴 거다."

곰은 걷기를 멈추고 그대로 눌러앉아 버렸다. 여긴 찜질방도 아닌데.

"뭐야. 여기 이렇게 멈추란 뜻이 아니야. 같이 가자는 거지.

같이 가다가 쉴 만한 곳을 찾아야지."

"가도 가도 끝이 없어. 비도 그칠 것 같지 않고. 날도 어두워졌고 이제 할 수 있는 일은 그냥 멈추어서 쉬는 거야."

뜨거운 비와 뜨거운 돌덩어리 위에서 어디를 둘러봐도 돌덩어리와 내리는 비밖에 없는 이곳에서 우리는 우뚝 멈추었다. 그냥 비를 맞으며 돌 위에 서서 목소리마저 잃은 채 아아, 멍하니, 빌어먹을 여행이라고 욕할 기운도 없이 멍하니, 주저앉기에도 뜨거워서 그저 멍하니 서 있기만 했다. 울 법도 했지만 울 기운조차 없었다. 울어 봤자 비인지 눈물인지 알 턱도 없다. 그저 뜨거움에 뜨거움만 더할 뿐이리라.

## 다음 날

걸었다. 비는 계속해서 내리고 있었다. 걸어도 걸어도 돌이었다. 걸어도 걸어도 비는 그치지 않았다. 어디까지 걸어야 할까, 언제까지 비가 내릴까. 빌어먹을 여행 책자에는 고생 끝에 낙이 올 거라고만 써 있다. 뭐냐, 이 책. 너 토정비결 같은 운세 책자냐. 고생 끝에 낙이 오긴 오냐. 고생 끝에도 비가 오고, 고생 끝에도 돌만 펼쳐질 것 같은 이 풍경 속에서.

저 곰 같은 곰은 곰처럼 걷기만 한다. 이 폭우와 이 돌땅을 아무 의심 없이 걷다가 쉬다가, 걷다가 쉬다가. 이젠 저 곰이 내 일행인지, 아니면 폭우와 돌땅의 일행인지도 구분이 안 간다.

아, 이 비는 언제 그치나. 이 돌은 언제 그치나. 이 뜨거움은 언제 그치나.

### 다다음 날

비가 온다, 뜨겁다. 돌땅이다, 뜨겁다.

### 다다다음 날

말해 무엇하랴. 이젠 천둥 번개까지 친다. 비바람이 분다. 잘한다, 이 땅.

### 다다다다음 날

비. 비. 비. 비. 비. 비. 비. 비. 비. 비. 비. 비. 비. 비. 비. 비. 비. 비. 비. 비. 비. 비. 비. 비. 비. 비. 비. 비. 비. 비. 비. 비. 비. 비. 비. 비. 비. 비. 비. 비. 비. 비. 비. 비. 비. **곰**.

돌. 돌. 돌. 돌. 돌. 돌. 돌. 돌. 돌. 돌. 돌. 돌. 돌. 돌. 돌. 돌. 돌. 돌. 돌. 돌. 돌. 돌. 돌. 돌. 돌. 돌. 돌. 돌. 돌. 돌. 돌. 돌. 돌. 돌. 돌. 돌. 돌. 돌. 돌. 돌. 돌. 돌. 돌. 돌. 돌. 돌. **곰**.

## 다다다다다음 날

이젠 오늘이 첫날의 다다다다다음 날인지 아닌지도 모르겠다. 여기 온 이래로 다 첫날의 다음 날이다. 아니, 다 첫날이다. 첫날이 계속 이어진다. 이 첫날은 과연 다음 날이 올까도 의심하게 한다.

곰, 어떻게 된 거야? 여기가 태초의 지구 맞는 거야? 우리 잘못 온 거 아냐?

뭘 기대했어? 여기가 바로 태초야.

이 비는 언제 그쳐? 아니, 그보다 이 비는 왜 계속 내리는 거야? 돌은 왜 뜨겁고?

글쎄, 태초의 지구니까 그런 게 아닐까? 좀 긴 이야기가 될지도 모르지만 오랜만에 어디 이야기나 한번 해 볼까?

그래. 어차피 비 맞는 거 이유나 알고 맞자.

자, 기초부터 시작하자! 당신 설마 고체와 액체, 기체가 뭔지 정도는 알고 있겠지? 알았어, 알았어. 그렇게 발끈하지 마. 당신이 아는 그 고체와 액체와 기체는 알갱이들이 모여 있는 상태를 말하는데 말이지. 알기 쉽게 말하자면 고체는 수업 시간, 액체는 쉬는 시간, 기체는 방과 후 같은 상태야.

이 알갱이들이 원래 자유롭기 때문에 모이려면 외부 압력이 필요한데, 수업 시간에는 아이들이 다 고정된 자리에 앉아서 잘 있잖아. 이렇게 알갱이들이 고정된 상태가 고체지. 이제 왜 액체가 쉬는 시간인지는 알겠지? 그래, 맞아. 수업 시간 같은 구속이 끝나고 쉬는 시간이 되면 여기저기 움직이는 놈들도 있고, 그래도 앉아 있는 놈들도 있고, 뭐 그렇거든. 고체인 수업 시간의 구속을 벗어났지만 기체가 못 되는 그런 게 액체 상태지. 기체는 물론 방과 후니까 아무 구속 없이 다 뿔뿔이 흩어지는 그런 상태를 말해.

알아, 알아.

태초의 지구는 아주 뜨거웠어. 밀도가 작은 기체는 지구의 가장 바깥쪽에 있었고, 밀도가 큰 것은 지구를 이루어 부글부글 끓고 있었지.

그런데?

그런데 점차 지구의 열이 식으면서 껍질 부분은 단단한 고체가 된 거야. 열이 식으면 자유롭게 돌아다니지 못하거든. 열이 식으면 차분해지는 것과 비슷하지. '열정과 냉정' 쯤으로 해 둘까? 처음의 열정이 사라지면 차분해지고 안정되고 정렬이 되는 거, 그거. 지금 당신이 서 있는 돌 있잖아. 열이 식으면서 지구의 표면을 이루던 것들이 딱딱하게 고체 상태가 된 게 바로 그거야.

그리고?

그리고 태초에 지구는 너무 뜨거워서 액체인 물이 없었

고, 모든 물은 우리가 흔히 수증기라 부르는 기체였어. 이 지구 바깥쪽에 있던 기체가 식으면서 액체가 되어 지구의 껍질로 떨어지는데, 그게 지금 줄기차게 내리는 이 폭우야. 뜨거울 때는 물이 수증기 같은 기체였지만 식으면서 액체가 되고, 액체가 되면 밀도가 커지니까 기체보다 밑으로 와야지. 기체인 물이 액체로 바뀌니까 폭우가 되어 내리는 거야. 우리가 여행 떠나기 전의 지구에 있던 모든 물들은 거의 이때 내린 폭우가 만들어 낸 거라고 보면 돼.

그러나?

그러나 열이 식어도 여전히 기체 상태로 남아 있는 나머지 기체는 대기가 되었지. 아, 물론 주로 이산화탄소와 황화수소 같은 것들로 이루어진 대기라 우리에게 익숙한 산소와 질소로 이루어진 대기는 아니야. 산소가 생긴 것은 식물이 생겨난 이후니까 아직 나중의 일이거든. 우리가 지금 산소통을 달고 다니는 것도 그런 이유야. 이 기체는 열정적인 놈들이라고 그랬지? 열정적인 놈들이니까 움직임이 활발하고, 이런 대기의 움직임이 바람을 만들어 내지.

그리하여?

그리하여 태초의 지구는 지금의 우리는 숨 쉴 수 없는 대기와 갓 식어서 뜨거운 돌, 그리고 대기를 이루던 기체 중 일부가 식어서 뚝뚝 떨어져 내리는 물, 수증기가 식어서 만들어진 두꺼운 구름에, 천둥 번개와 함께 쏟아지는 폭우라는 풍경화가 그려지는 거지.

우울한 풍경화로군.

왜, 멋지잖아. 그야말로 신세계지. 어찌 되었든 이제 1교시는 끝났다.

태초의 1교시를 말하는 거야? 이제 이 비가 그치는 거야?

아니, 내 강의 1교시. 이제 쉬는 시간이다. 난 좀 쉬어야겠어.

액체가 되시겠다? 그럼 이 비는 그쳐? 그것만 말해 줘.

비, 구름, 바람 모두 물이 원인이니까 기체였던 물이 대부분 바닥으로 내려오면 그치겠지.

어떻게 그 긴 시간 동안 이 비를 맞고 견뎌?

자, 여기 이 약이나 먹어.

뭔데?

'일각이 여삼추 알약'. 그래야 시간을 견디지.

저기……. 감기약은 없어? 감기에 걸린 것 같아.

## 첫날 같은 무수한 다음 날들

뜨거운 비를 맞은 나는 뜨거운 감기에 걸렸다. 콩나물국에 고춧가루 풀어 먹고 뜨끈뜨끈한 방에서 잠을 잘 형편도 아니고. 지금 할 수 있는 일이라고는 다 너덜너덜해진 우산을 임시방편으로 삼아 '어떠한 환경의 여행지에서든 겨우겨우 견딜 수는 있게 해 주는 알약'의 힘을 믿으며, '일각이 여삼추' 알약의 힘으로 시간이 빨리 가기를 기다리는 수밖에 없다. 에취~.

## 어느 날, 또는 새로운 다음 날

어느 날 아침, 더 이상 축축하지 않았다. 그리고 햇살이, 따스한 햇살이 푸른 하늘에서 쏟아져 내리고 있었다. 돌들도 햇살 속에 우뚝 서 있었다. 아, 드디어 태초의 1교시가 끝난 것이다. 아니, 2교시가 시작된 것이다.

## 여행에서 돌아오다

이 고난의 극한 여행도 얼마 남지 않았다. 이제 막 비가 그치고 열기가 식어 가고 두꺼운 구름이 열어지고 있다. 그런데 태양의 붉은 빛이, 그 따스한 기운이 내리쬐기 시작하자마자 여행의 일정은 막바지에 다다르고 있었다. 이게 뭐야, 이제 겨우 여행하기엔 최고의 날씨가 되었는데, 정작 날씨가 좋아지자마자 떠나야 하다니. 게다가 살아 숨 쉬는 건 곰 말고는 아무것도 못 만났단 말이다. 바다에서 헤엄치는 물고기도, 태양 아래 날아다니는 새들도, 나무도, 풀도 아무것도. 사람은 말할 것도 없고.

뭐야, 여기서 본 거라곤 돌밖에 없잖아. 비만 잔뜩 맞고.

조금 더 있으면 안 될까?

조금 더 있으면 뭐라도 볼 것 같아? 볼 거라고는 지구가 식어 가는 거 정도일 텐데.

태양이 뜨나 비가 그치나 곰은 한결같다. 그래, 어련하시려고.

비 그치고 해 떴잖아? 그럼 이제 뭔가 역동적인 움직임이 일어나지 않을까? 태동의 힘찬 발길질?

성질도 급하시지. 태동이 시작되려면 아직 멀었어. 한 10억 년은 기다려야 할걸? 이제부터는 고요한 지구라고. 지구의 상태가 이제 안정적이 된 거지. 안정적이 된다는 게 뭐냐, 그건 아무 일 없다는 소리야. 오랜 세월 동안 별다른 일 없이 일상적이고 조용한 나날들이 계속 이어진다고. 물론 알고 보면 불안한 평온함이지, 누가 돌 던지기 전까지만 평온한 일상이니까.

누가 돌을 던져?

응, 지구가 식어 가면서 오래오래 기다리면 돌이 던져지지.

그 돌이 던져질 때까지 기다리면 안 될까?

곰은 약통을 흔들었다. 아무 소리도 들리지 않았다. 그건 '일각이 여삼추 알약'과 '어떠한 환경의 여행지에서든 겨우겨우 견딜 수는 있게 해 주는 알약'이 다 떨어졌다는 소리다. 그건 돌이 던져질 때까지 오래오래 기다릴 수 없다는 소리다. 그리고 그건, 이제 여행을 끝마칠 시간이 되었다는 소리다.

아쉬운 마음에 생명을 촉진할지도 모르는 침이라도 뱉고 올까 했지만, 침을 뱉는다는 것은 사전적인 의미로 그리 바람직한 일은 아닐 것 같아 대신 상징적인 의미로 돌을 던지고 왔다. 지구에 던져진 돌, 그리고 그 돌이 만들어 낸 파문이 뭔지 궁금해 하면서 다시 지금의 지구로.

# 내가 전생에 박테리아였다고?

그곳은 외딴 곳에 자리하고 있었다. 점집이 즐비하게 늘어선 이곳. 오가는 차량의 경적 소리가 끊이지 않고, 들락거리는 사람들도 많은 이곳에 유독 그 점술집만은 같은 시간과 같은 공간에 있으면서도 아득했다. 사막을 돌아다니면 신기루가 보인다고 하지. 오아시스로 가득한 사막에서 유독 신기루로 보이는 오아시스처럼 이 점집들의 시공간에서 결계에 쌓인 것처럼 현실감이 사라진 점술집. 이곳은 수정 구슬을 들고 있는 이상한 그림 간판과 함께 〈우주 점술집〉이라는 작은 상호를 내걸고 있었다.

이 거리와의 조화가 하도 어색해서 순간적으로 '우주 선술집'이라고 읽은 터였다. 〈스타워즈〉에 나오는 그런 술집 말이다. 목이나 축이고 갈까 하고 다시 바라본 다음에야 선술집이 아니라 점술집임을 알았다. 딱히 술이 생각나는 것도 아니고 그래, 내친 김에 점이나 볼까 하는 생각이 일었다. 어차피 막연한 터였다. 생뚱맞게도 늘 막연한 느낌에 휩싸이곤 했었으니 그래, 재미로 점을 봐도 나쁠 건 없겠지 싶었다.

천막을 밀치고 들어서는 순간, 그대로 돌아 나오고 싶었다. 내 앞에 앉아 있는 노파는 눈을 부릅뜨고 있었다. 그 두 눈에는 눈동자가 없었다. 흰자위만이 물고기 모양 같은 눈을 가득 채우고 있었다. 흰 물고기 두 마리가 노파의 눈이 있어야 할 자리에 대신 들어가 박혀 있는 것 같았다. 그렇게 생각한 순간 노파의 두 하얀 눈은 물고기처럼 팔딱거리기 시작했다.

## 파문의 시작

노파의 천막 안은 온통 붉은색이었다. 붉은색 천이 휘장처럼 천막 안을 감싸고 있었다. 붉은 옷을 입고 흰 물고기 눈을 가진 노파가 붉은 탁자에 놓인 검은 구슬 위에 손을 올려놓고 있었다. 검은 구슬은 흡사 노파의 것이었을 눈동자라도 되는 것처럼 보였다. 노파의 손과 검은 구슬 사이의 공간으로 끊임없는 기의 소용돌이가 일고 있었다. 까딱 정신이라도 놓았다가는 저 기의 소용돌이에 휘말려 검은 구슬 속으로 빨려 들어가리라. 그래서 저 노파의 흰자위만 남은 두 눈에 내가 검은 동자가 되어야 하리라.

노파는 아무것도 묻지 않았다. 흰자위만 남은 두 눈으로 나를 보고 있었다. 그것은 멍하면서도 집요했다. 흰 눈은 멍하니 나를 바라보는 것 같지만, 사실은 집요하게 나를 뚫고 더 먼 곳을 바라보고 있는 것 같았다.

그때였다. 돌연 노파의 손에서 불기운이 일어나더니 검은 구슬 주변을 붉게 물들이기 시작했다. 검은 구슬은 불기 속에 일렁이기 시작했고, 노파는 이제 검은 구슬을 바라보기 시작했다. 얼마나 시간이 지났을까. 노파가 구슬에서 손을 떼자 노파의 손길을 따라 일렁이던 불기가 가라앉았다. 구슬은 푸르게 변하기 시작하더니, 이윽고 잠잠해졌다. 노파와 구슬과 나, 그리고 붉은 휘장과 천막 안은 적막만이 감돌았다.

그러더니 갑자기 눈동자 없는 노파의 흰 눈자위가 점점 부풀어 오른다. 갑자기 '펑-' 하는 굉음과 함께 흰자위가 터져 솟구쳐 나온다. 곧 그 솟구친 흰자위 속에서 검은자위가 생기기 시작하더니, 동공이 확대되듯 점점 더 부풀어 올라 주홍빛으로 이글거리기 시작한다. 그리고는 아, 눈물을 흘린다. 검은 눈동자는 쉴 새 없이 폭포수처럼 눈물을 쏟아 낸다. 이제 눈물이 마른 검은 눈동자는 점점 차가워져 간다.

노파가 고개를 들어 허옇게 말라붙은 입을 침으로 적셨다. 100년 만에 처음으로 입을 여는 사람처럼 입 주변의 온갖 근육을 다 일그러뜨리며 쇳소리를 내기 시작했다. 1,000년 만에 폐에서 공기를 끌어내 목구멍으로 올려 보내는 사람처럼 가릉가릉거렸다. 10,000년 동안 쌓인 가래를 단숨에 뱉어낼 것처럼 크윽크윽거렸다. 그리고는 이제까지 그 누구도 들어보지 못했을 음성으로 입에서 말을 만들어 밖으로 뱉어내기 시작했다.

글쎄, 과연 음성이었을까. 음성이었다면 귀에는 들리지 않는 음성이었으리라. 노파는 분명 입을 움직여 말을 하고 있었으나, 그 소리가 밖으로 나가지는 않았다. 그러나 분명히 그 소리가 들렸다. 그 소리는 공기처럼 들리지 않으나, 분명히 존재했다. 그 소리가 나에게 말했다.

**"너는 전생에 박테리아였다."**

그러더니 노파는 나에게 돌을 던졌다. 그 돌에 맞은 나는 '꿈틀'거렸다. 꿈틀하면서 움찔하면서 나는 번쩍 눈을 떴다. 꿈이었다. 태초의 지구 여행을 마치고 돌아와 꼬박 칠일 밤 칠일 낮을 잠만 자다가 천지창조라도 본 것처럼 번쩍.

아무리 꿈이라지만 기분 나쁜 노파다. 돌까지 던지고. 게다가 나보고 전생에 박테리아였다는 소리나 하고 말이다. 잠깐, 돌이라고? 곰이 말한 태초의 지구가 식은 후 던져졌다는 그 돌일지도. 뭔가 생명을 꿈틀거리게 한 파문의 시작 말이다.

## 생명이 꿈틀거리다

원래 나의 전생은 요르단 왕국의 왕이다. 그런데 1200퍼센트(%) 믿어 의심치 않았던 부하에게 피살당하고 만다.(내 감으로는 그렇다.) 고고한 전생이다. 그런데 생뚱맞게 박테리아라니, 전생에 바퀴벌레였다는 소리와 뭐가 다르냔 말이다. 하지만 이 꿈은 지난번 여행에서 보지 못한, 평온한 지구에 파문을 일으킨 뭔가 생명의 '꿈틀거림'과 관련 있는 꿈은 아니었을까. 곰에게 전화를 걸었다.

이봐, 곰, 내가 꿈을 꾸었는데 당신이 말한 '지구에 던져진 돌'에 맞았어.

이봐, 그건 진짜 돌을 말하는 게 아니야. 상징적인 표현이지.

이봐, 곰. 여하튼 돌을 던진 노파가 말했어. 내가 전생에 박테리아였대.

이봐, 축하해.

이봐, 곰. 나는 전생에 요르단 왕국의 국왕이었어. 믿었던 부하에게 배신당하기는 하지만.

이봐, 근거 있어?

이봐, 곰. 난 근거 없는 믿음을 믿어.

이봐, 끊어.

이봐, 곰. 내가 전생에 박테리아였다는 근거는 있어?

이봐, 그건 근거가 있어.

이봐, 곰. 도대체 근거가 뭔데?

이봐, 지금 텔레비전에 당신 전생이 나왔다. 35억 번 채널이다.

나는 얼른 35억 번을 틀었다.

"드라마는 처음부터 보지 않으면 줄거리를 파악하기가 쉽지 않죠. 간단한 드라마라면 마지막 회만 보고도 이전 내용을 미루어 짐작하는 게 어느 정도 쉽겠지만, 길고 복잡한 드라마라면 그야말로 미궁 속이죠. 만약 여러분이 어느 드라마의 마지막 회를 보고 있다고 칩시다.

15살짜리 소년이 부모처럼 보이는 남녀 수십 명에게 둘러싸여 있습니다. 그러더니 외칩니다. '자, 나는 드디어 우리 부모를 알아냈어요! 바로 당신들입니다.' 그러면서 남자 한 명과 다른 남자의 구두 한 짝을 가리킵니다. 여러분은 '도대체 이게 뭐야'라고 하지 않을까요? 그러면서 한 명의 남자와 다른 남자의 구두 한 짝이 이 소년의 부모가 된 상황에 대해 수많은 이야기를 생각해 보겠지요. 그중 어느 하나는 진실이겠지만 누가 알겠습니까? 우리는 마지막 회만 보고 있고, 다시 보기도 안 된다면 말입니다. 생명 탄생의 드라마가 바로 그렇습니다."

그러더니 화면으로 누군가가 걸어 나왔다. 아니, 기어 나왔다고 해야 하나. 투명한 목걸이 같은 괴생명체—적어도 나에게는—가 한국어로 더빙된 영화에서 자주 듣곤 했던 성우의 목소리로 말하기 시작했다.

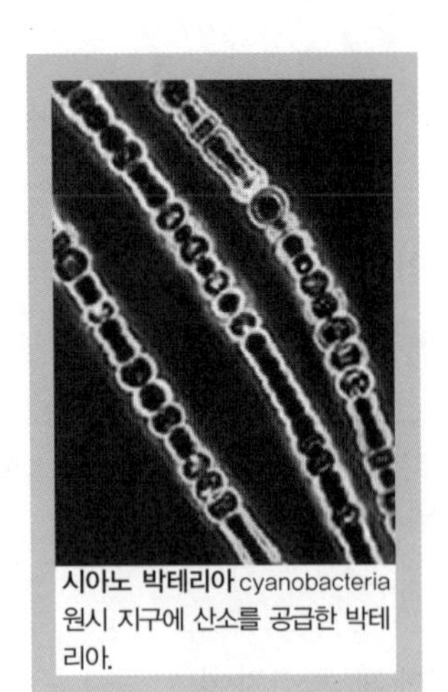

**시아노 박테리아** cyanobacteria
원시 지구에 산소를 공급한 박테리아.

"안녕하십니까? 저는 특별 기획 대하 드라마 〈생명의 탄생〉 제작 발표회의 진행을 맡은 '시아노 박테리아cyanobacteria' 입니다. 한국 이름은 남조류藍藻類입니다. 제가 한 35억 년 전쯤에 원시 지구에 산소를 공급한 적이 있어서 이렇게 진행자로 발탁된 모양입니다. 좀 긴장이 되네요. 차 좀 마시면서 진행을 하겠습니다. 아, 이 차요? 황화수소 차입니다. 시중에선 구하기 쉽지 않죠. 임산부나 노약자는 절대 따라하시면 안 됩니다.

이 드라마를 구상하는 데에는 어려움이 무척 많았고, 논란도 많았습니다. 드라마라고는 하지만 현실과 너무 동떨어지거나 현실을 제대로 반영하지 못하면 곤란하니까요. 일단 시작이 문제였습니다. 시작이라니, 도대체 그 '처음'을 어떻게 시작할지 막막했지요. 누구도 본 적이 없으니 말입니다.

지구는 35억 년 전쯤에 처음으로 생명을 잉태합니다. 문제는 여기 얽힌 출생의 비밀이죠. 도대체 이 지구에 첫 번째 생명은 어떻게 탄생했을까요? 자연적으로 발생했을까요? 누군가 생명의 돌을 던졌을까요? 태동의 힘찬 발길질은 어디에서 나왔을까요? 우리는 대본 공모를 할 수밖에 없었습니다. 많은 작가들이 대본을 내밀었죠. 다음 화면은 저희가 간추린 몇 개의 대본 발췌본입니다."

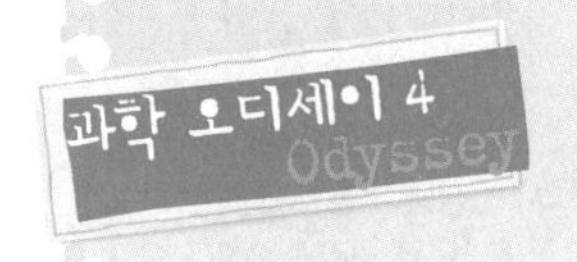


〈생명의 탄생〉

**_자연 발생 시나리오**

영국의 한 실험실. 존 니덤이라는 과학자가 플라스크를 노려보고 있다. 그는 플라스크 안에 쇠고기 국물을 담은 다음 코르크 마개로 밀봉한다. 그리고는 열을 가한다. 얼마의 시간이 흘러 완전히 식은 플라스크 안을 들여다보니 미생물이 우글거린다. 그는 환희에 차 외친다. "그래, 이거야. 생명은 자연적으로 발생한 거야. 이 플라스크 안에 우글거리는 미생물을 보라고. 밀폐된 공간이었는데 이렇게 자연 발생했잖아."

화면이 바뀐다. 이탈리아의 한 실험실에서 스팔란차니 또한 비슷한 실험을 하고 있다. 그는 플라스크를 더 철저하게 밀봉하고는 더 오래 가열한다. 시간이 흐른다. 그는 플라스크를 노려본다. 그러나 어떤 미생물도 생기지 않았다. 그는 냉정한 웃음을 짓는다. 그리고 어딘가에 전화를 건다.(전화가 너무 비현실적이면 수정하겠습니다.)

다음 날, 화면에는 스팔란차니의 얼굴과 함께 대서특필 된 신문 헤드라인이 뜬다. '자연 발생, 자연스레 사라지다'. 부제는 '코르크 마개의 무수한 구멍으로 무언가 들어갔을 가능성을 배제'. 참담해진 존 니덤의 얼굴 오버랩.

시간은 흘러 한 세기가 지난다. 이번에는 푸셰와 파스퇴르 등장. 푸셰가 《자연 발생론》이라는 책을 집필하고 있다. 책의 마지막 장을 완성한 후 그의 독백이 흐른다. '100년의 시간이 흘렀어. 자연스레 흘렀지. 나는 밀폐된 용기에서도 곰팡이가 핀다는 걸 알아냈어. 스팔란차니가 틀린 거야. 역시 생명은 자연 발생한 거지.' 그의 독백이 끝날 무렵 화면을 밀치고 파스

존 니덤 John Turberville Needham 가열하여 밀봉한 육즙에서 미생물이 생기는 것을 보고 생물이 무생물에서 발생했다는 자연 발생설 주장.

스팔란차니 Lazzaro Spallazani 이탈리아의 과학자. 생명 발생에 있어서 존 니덤과 대립되는 주장을 함.

푸셰 프랑스의 유명한 학자. 미생물은 영양과 공기가 있는 곳이면 저절로 생겨난다고 주장했다.

파스퇴르 Louis Pasteur 생명의 자연 발생설 부정, '모든 생물은 생물에서 생긴다'라고 말함.

퇴르가 씨익 웃으며 나타난다. "아니, 아니, 아니지. 당신의 곰팡이도 결국 미생물 때문이었다는 걸 내가 밝혔거든. 생명은 자연발생하지 않아. 생명은 생명에서 발생하지." 이때 내레이션. 그렇다면 생명을 만든 최초의 생명은 무엇이란 말인가.

등장인물들 모두 등장. 각각의 인물 상반신을 화면 분할 기법으로 4등분 된 한 화면에 담는다. 그들 모두 절규한다. "그렇다면 도대체 생명은 어떻게 탄생한 거지?"

계속해서 2안, '창조 또는 지적 설계 시나리오'가 이어진다.

〈생명의 탄생〉

**_창조 또는 지적 설계Intelligent design 시나리오**

보송보송한 구름 위, 커다란 의자에 누군가 앉아 있는 뒷모습. 그가 의자에서 일어나 천천히 앞으로 걸어 나온다. 그의 주변에는 후광. 그의 세부적인 윤곽은 희미하게 처리하여 몽환적인 분위기를 만든다. 에코를 넣은 목소리. "태초에 내가 있으라 하매 빛이 생겼고, 또 있으라 하매 모든 것이 생겼나니, 이는

지적 설계론 知的設計論 Intelligent design 생명체 같은 '존재들'이 지적인 존재에 의해 설계되었다고 하는 논리.

내가 우주와 생명을 창조했음이라. 다윈을 낳은 것도 결국은 나이니라." 그가 다시 돌아서면서 말한다. "과학의 끝을 따라가면 그대들은 결국 나를 만나리라." 목소리의 여운이 울려 퍼지는 가운데 흰 구름이 화면을 가득 채우고 가운데로 빛이 점점 빨려 들어가더니 이윽고 사라진다. -1부 끝-

들판 한가운데 무언가 놓여 있다. 카메라 줌인하면서 그 물건을 클로즈업 한다. 쥐덫이다. 쥐덫을 이루는 어느 한 부분이라도 없으면 쥐덫은 그 기능을 발휘할 수 없다. 지금 화면 한가운데 놓인 쥐덫은 완벽하다. 이때 한 사람이 등장하여 그 완전무결한 쥐덫을 요리조리 살펴보고는 외친다. "환원 불가능한 복잡성이 바로 여기 있다! 이 쥐덫을 이루는 각각의 모든 부분들은 처음부터 정해진 위치에서 완벽하게 작용할 수 있도록 설계되어 있지 않은가. 생명도 마찬가지! 생명에는 의도적인 요소가 많지 않은가. 애초에 어떤 지적인 존재에 의해 자연 조건에 맞게 설계된 것이다!"

그의 외침이 희미해지면서 화면이 바뀌면 이상야릇한 4차원 공간 같은 분위기의 배경이 나타난다. 책이 빽빽하게 꽂힌 책장으로 가득한 곳에 거대한 책상이 놓여 있고, 그 책상에서 누군가 열심히 설계 도면을 그리는 뒷모습. 바닥은 우주 심연처럼 뚫려 있다. 그는 세상을 설계하고 있다. 처음에는 이렇고 이렇게, 다음에는 그렇고 그렇게 진행되는 시스템을 구상한 후, 책상 위의 각종 종이에다 그 설계도를 그리는 중이다.

처음에는 느린 화면으로 시작해서 그의 작업이 진행될수록 2배속, 3배속으로 돌린다. 작업을 끝낸 후 그는 실험 삼아 뭔가를 우주 심연처럼 뚫린 바닥으로 툭 떨어뜨린다. 다시 화면은 처음으로 돌아간다. 들판이 있고, 그 들판 한가운데 쥐덫이 놓여 있다. -2부 끝-

"자, 이쯤에서 제가 한마디만 하죠. 사실 저희는 처음에는 이 2안을 쓸까도 했습니다만 다른 작가들의 반발과 반박이 만만치 않더군요. 2안으로 한다면 내 시나리오도 타당성에서 떨어질 게 없다고 말입니다. 사실 2안은 종교적인 문제가 있어 저희로서도 건드리기가 좀 어려운 부분이거든요. 아무래도 텔레비전은 대중 매체니까 말이죠. 반박하는 작가들 중 바비가 보낸 패러디 물은 너무 재미있더군요. 채택되지는 않았지만 소개해 드립니다."

2안 반대 패러디 물

**_'날아다니는 스파게티 괴물 Flying Spaghetti Monster'**

첫 화면에서 러셀의 찻주전자 이야기를 도입부로 제시한다. 한 남자가 말한다. "지구와 화성 사이에 궤도를 따라 태양을 도는 중국 찻주전자가 있습니다. 어떤 망원경으로도 보이지 않을 만큼 아주 작은 찻주전자죠. 헛소리라고요? 글쎄요, 본 사람도 없지만 정확하게 안 본 사람도 없지 않습니까? 혹시 이런 생각은 해 보셨나요? 이 찻주전자가 존재한다고 옛날 책에도 나와 있고, 그게 진리라고 일요일마다 가르치고, 심지어는 학교에서도 찻주전자가 있다고 주입한다면 말입니다. 이런 상황에서 '찻주전자 같은 소리 하고 있네' 라고 말하는 사람은 어떻게 될까요?"

묘한 여운을 남기면서 화면은 2005년의 미국으로 이동한다. 물리학자 바비 핸더슨은 지적 설계론을 가만히 들여다보고 있다. 아니, 노려본다고 해도 좋을 것이다. "이 이론을 생물 시간에 가르친다면 마찬가지로 날아다니는 스파게티 괴물교 역시 가르쳐야 해!"

화면이 바뀌면 날아다니는 스파게티 괴물의 모습이 나타난다. 스파게티 괴물은 미트볼 두 개, 면 가락으로 이루어진 면발 뭉치 모습이다. 스파게티 괴물은 남성성과 여성성을 모두 갖추고 있으며, '면 가락' 은 남성을, '미트볼 두 개' 는 어머니 여신의 젖가슴을 나타낸다.(아래 그림 참조.)

이제 화면은 스파게티 괴물에 의한 우주 창조, 생명 탄생의 이야기를 SF로 재현한다.

지금까지 누구도 보지 못했고, 그 존재를 느끼지도 못한 '날아다니는 스파게티 괴물'이 맥주 화산에서 거나하게 취한 다음, 4일에 걸쳐 '창조'를 시작한다. 첫날에는 산과 나무, 난쟁이(인간의 전신)를 만든다. 그리고 다음 3일간에 걸쳐 우주를 창조하고, 과학자들을 속이기 위한 가짜 탄소 동위 원소 분자들을 뿌렸다. 7일에서 남은 3일은 숙취로 쉬고 만다.

이 날아다니는 스파게티 괴물(이하 편의상 FSM)은 인간들이 비웃을 수 있는 종족으로 유인원을 만들었으나, 그들이 FSM을 모욕하자 멸종시킨다. 이번에는 인간의 친구로 공룡을 만들었으나, 공룡들이 너무 커서 해적선이 빈번하게 난파하자 그들 또한 멸종시킨다. 진화의 증거로 제시되는 모든 것은 사실 FSM에 의해 의도적으로 조작되었다. 어쩌면 그가 지적 설계자일지도 모른다.

"재미있게 보셨나요? 대중성과 지적 호기심 유발, 탄탄한 구성 면에서는 훌륭하지만 저희가 제작하는 드라마 〈생명의 탄생〉의 제작 의도와는 거리가 멀어서 말입니다. 자, 이야기가 많이 샜죠? 이번엔 마지막 시나리오입니다."

〈생명의 탄생〉

**_우주 기원 또는 지구 생명체 외계 기원 시나리오**

화면 한가득 우주 공간. 무수히 많은 행성들이 있고, 그중에는 지구도 있다. 행성들이 서로 충돌하기도 하고, 그 충돌로 무수히 많은 파편들이 우주 공간에 흩뿌려진다. 여기 한 외계 행성이 최후를 맞이하고 있다. 마지막 충돌로 산산이 부서진다. 그리고 그 잔해인 파편이 지구를 향해 떨어지고 있다. 카메라, 지구로 떨어지는 소행성을 클로즈업 한다.

소행성에는 뭔가 정체불명의 것이 묻어 있다. 지구에 떨어진 파편, 그리고 그 안에 있는 정체불명의 것은 생명의 씨앗인 유기물이다. 그리고 역시 정체불명의 또 다른 무엇인가가 이 안에 침입한다. 잠잠하다가 갑자기 꿈틀한다. 생명의 시작이다. 내레이션. 김춘수의 시 〈꽃〉을 이용한 내레이션. 우리가 그의 이름을 불러 주기 전에는 그는 다만 의미 없는 하나의 단백질 덩어리에 지나지 않았다. 우리가 그의 이름을 불러 주었을 때 그는 우리에게 와서 생명이 되었다, 꿈틀.

이 경우 등장인물이 없어서 드라마로 만들기에 무리가 있다면 변형도 가능하다, 이렇게.

노란 별나라에 전쟁이 일어났다. 노란 별나라 사람들은 열심히 맞섰지만 이미 패색이 짙다. 이제 적국 빨간 별나라가 한 번 더 배치기를 하면 끝이다. 산산이 부서진 이름이 되고 만다. 그러나 노란 별나라 사람들은 자기네 노란 별나라가 사라지더라도 노란 별나라가 있었음을 알리고 싶었다. 노란 별나라의 생명의 씨앗을 다른 곳에라도 남기고 싶었다. 그리고 가능하면 원수에 대한 차가운 복수라도 할 수 있게 적국인 빨간 별나라에 남기고 싶었다.

드디어 마지막 배치기로 산산이 부서지게 된 노란 별나라. 노란 별나라 왕은 최후의 임종을 맞이하면서 택배 직원을 부른다. 화학 작용의 도움으로 서서히 움트는 생명의 가장 기본적인 재료를 골라 '생명의 씨앗'이라고 이름 붙인 물건. 왕은 이 물건을 반드시 빨간 별나라에 아무도 모르게 배달하고 장렬히 전사할 것을 신신당부한다.

택배 직원은 부서지는 별나라의 한 부분이 되어 우주 공간으로 방출된다. 하지만 총알 배송 및 정확한 배송을 자부하던 터라 우주로 떨어지면서도 방향을 잡아 빨간 별나라로 향했다. 그리고 그는 빨간 별나라에 '생명의 씨앗'을 던져 놓고 장렬히 전사했다. 왕명을 수행한 것이다. 그러나 사실 적록 색맹이었던 그가 도착한 곳은 빨간 별나라가 아니라 초록별 지구였다.

"자, 저희는 이렇게 세 개 정도의 시나리오로 압축하고 고민했습니다. 그러나 어느 하나가 완벽하다고 하기도 뭣하고, 어느 하나가 100퍼센트(%) 아니라고 하기도 뭣한 그런 어려운 상황에 빠지고 말았습니다. 대하 드라마이기는 한데 '대하'의 시초를 거슬러 올라가기가 쉽지 않아서 말입니다. 결국 많은 고민 끝에 제작진은 이 지구에 산소를 공급한 희미한 옛 사랑의 그림자 같은 기억을 지닌 저, 시아노 박테리아를 주인공으로 한 드라마를 재현해 보기로 했습니다. 어떤 드라마로 탄생했을까요? 그 이야기는 내일 이 시간에. 지금까지 시청해 주셔서 감사합니다."

아, 뭐냐. 이 제작 발표회. 무슨 쇼나 공연도 없고 꽃미남도 아닌 저 남조류, 시아노 박테리아가 MC를 맡아 한 시간 내내 떠들다니. 저게 내 전생인 이유는 '내일 이 시간'에나 알겠군.

# 〈생명의 탄생〉 드라마

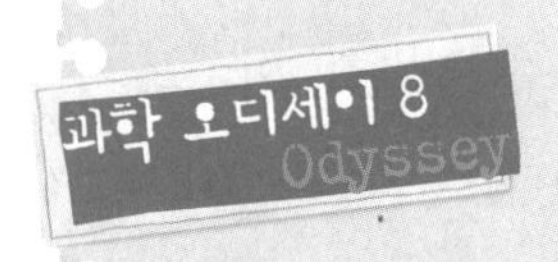


## 〈생명의 탄생〉

러시아 과학자 오파린이 생각에 잠겨 있다. 오른손 둘째손가락을 빙빙 돌리고 눈은 오른쪽 방향으로 45도(°) 윗부분을 바라보며, 입술을 비죽 내민 채 뭔가를 웅얼거린다. 그의 독백 부분은 내레이션 처리. 뭔가 복잡하고 어렵게 들린다.

'원시 대기는 수소($H_2$)와 메탄($CH_4$), 암모니아($NH_3$) 같이 환원성 기체(수소와 결합한 기체 분자)로 이루어졌어. 이 기체들이 태양의 자외선, 번개 등을 만나면 기체 분자들이 분해되는 과정에서 아주아주 단순한 유기 물질이 만들어지지. 아미노산

오파린 Oparin 러시아의 생화학자. 생명의 기원에 관한 가설 제기.

산 말이야. 우리 몸을 생성하는 가장 기본이 뭐야? 바로 단백질 protein이거든. 그럼 단백질이 어떻게 만들어져? 펩티드 결합으로 만들어지지. 그럼 펩티드 결합은 뭐야? 아미노산 분자들이 결합하는 걸 펩티드 결합이라고 하잖아. 아미노산, 원시 대기에서 바로 이 아미노산이 만들어진 거지.

오호! 뭔가 생명이 보이지 않아? 생명의 전주곡이 들리지 않아? 이런 유기 물질이나 단백질들이 말이지, 원시 바다에 흘러내려가 오랜 세월 동안 농축되면……. 그래, 바로 영양 수프가 되는 거지. 걸쭉한 생명의 수프. 간단한 무기물들이 화학적 반응을 거쳐 복잡한 화합물을 합성하고, 이런 반응을 거듭하여 고분자 화합물을 형성하고. 이렇게 진화 과정을 거쳐 마침내, 결국, 드디어 코아세르베이트가 짠~ 하고 나타나는 거지. 원시 생명체의 기원 코아세르베이트!'

독백이 끝나면 손가락 두 개를 들어 V자를 만드는 오파린 클로즈업 후 줌아웃. 화면에는 '20년 후'라는 자막 삽입.

밀러의 실험실. 그는 오파린의 가설을 실험으로 입증하는 중이다. 여기에서는 〈오늘의 요리〉 기법으로 처리한다. 대부분 밀러 혼자 큰소리로 과장되게 대사. 가끔 가상 방청객의 '오~', '와하하하하', '아하' 등의 효과음 삽입.

코아세르베이트 오파린이 그의 책 《생명의 기원》에서 말한 원시 생명체의 기원. 고분자 화합물이 농축된 코아세르베이트가 점진적인 변화를 거쳐 원시 생명체로 진화하였다고 봄.

밀러 Miller 미국의 과학자. 오파린의 가설을 실험으로 입증.

"자, 여러분! 〈오늘의 요리〉 시간이 돌아왔습니다." (와아~.)

"오늘 만들어 볼 요리의 레시피는 러시아에 사시는 오파린 님이 제공해 주셨습니다. 제가 존경하는 분이지요. 그래서 오늘은 제가 직접 그 레시피에 따라 요리를 해 볼 생각입니다. 오늘 요리의 제목은 '적절한 조건 아래 만들어 보는 원시 지구 아미노산'입니다. 이름이 좀 길죠?" (웃음소리.)

"필요한 재료는 원시 대기의 주성분으로 여겨지는 메탄, 암모니아, 수소 등입니다. 자, 플라스크 안에 메탄 약간, 암모니아 약간, 수소 약간을 넣어 주세요. 그 다음엔 플라스크에서 산소를 쪼옥 빼내 주셔야 합니다. 그리고 여기에 번개를 일주일 정도 흘려 줍니다. 번개가 없으면 강한 전기를 사용하세요. 끝입니다. 간단하죠?" (와아~.)

"이제 플라스크 바닥을 볼까요? 보이십니까? 놀랍지 않습니까? 바로 이게 아미노산입니다! 아미노산은 단백질의 기초 아닙니까? 아미노산을 만들 수 있다는 건 단백질을 만들 수 있다는 소리죠. 단백질을 만들 수 있다는 건, 바로 오파린 님의 궁극의 요리 '코아세르베이트'를 궁극의 비법으로 만들 수 있다는 거죠. 요즘 유행하는 패스트푸드가 아니라 슬로우푸드로 말입니다. 알려 드릴까요?" (네!, 알려 줘, 알려 줘 같은 함성 소리.)

"자, 원시 바다 같은 물이 담긴 그릇을 준비하십시오. 이 안으로 아미노산, 펩티드 결합으로 단백질로 바뀐 아미노산 등을 넣습니다. 천천히 천천히, 조금씩 조금씩 말입니다. 그럼 이 그릇 안에 이것들이 점점 쌓이겠지요. 시간이 지날수록 더 쌓이니까 점차 진해지겠지요. 걸쭉해질 겁니다. 이게 바로 고단백 저칼로리 영양 수프지요. 여기에 자외선도 가하면 바로 '코아세르베이트'가 완성됩니다. 시간이 오래 걸리니까 만드는 건 생략할게요."

밀러가 손을 흔들며 사라지면 카메라는 플라스크 바닥을 줌인. 플라스크 바닥과 오버랩되면서 화면은 태초의 지구로 거슬러 올라간다.

태초의 지구. 지금과는 다른 대기, 두꺼운 구름, 구름을 뚫고 들어오는 햇빛, 뜨거운 마그마로 뒤덮인 오렌지빛 지구. 뜨거운 지구가 식어 가면서 하늘로 올라간 수증기는 비가 되어 퍼붓기 시작하고, 이 비가 그치자 원시 바다가 탄생한다.

한편 항성과의 대충돌로 지구의 일부분이 우주 공간으로 떨어져 나가고, 일부는 다시 지구로 끌려온다. 이렇게 다시 지구로 끌려와 지구의 위성이 된 거대 달이 원시 바다 위에 두둥실 떠 있다. 그리고 계속되는 번개. 원시 바다에서의 화학 작용이 단순 물질에서 생명체를 형성하기 시작한다.

원시 바다의 기포가 바위에 붙고, 파도는 기포의 얇은 막 안에 아미노산 같은 생명의 요소를 실어 나른다. 이 기포 안에서 화학 반응이 일어나면서, 성장하고 복제하고 후손을 남길 수 있는 생명의 첫걸음이 거대 달 아래에 생겨난다.

이러한 첫걸음이 진화하여 태어난 박테리아가 보이기 시작한다. 이산화탄소가 가득한 대기, 태양의 자외선, 달의 인력으로 인한 파도, 황화수소와 시안화칼륨의 바다라는 환경 속에서 산소가 없어야 무럭무럭 잘 자라는 혐기성 박테리아다.

시간이 흘러 드디어 시아노 박테리아 등장. 시아노 박테리아는 물과 이산화탄소, 햇빛을 이용하여 광합성을 시작하고 그 부산물로 산소를 내놓기 시작한다. 시아노 박테리아의 수가 많아지기 시작하면서 태고의 바다에는 산소가 가득 차기 시작하고, 지구는 드디어 푸른빛을 띠기 시작한다.

진화는 계속 된다. 새로운 산소 환경에 유리한 박테리아가 우세해지고, 핵막이 없는 원핵생물에서 핵막을 가진 진핵생물이 등장한다. 아직은 단세포다. 하지만 곧 진핵세포들이 결합하면서 여러 개의 세포로 이루어진 다세포 생물이 나타나게 된다. 여러 세포의 효율적인 업무 분담이 시작되면서 이제 진화에는 가속도가 붙기 시작한다. 선캄브리아대 말기의 이야기다. 그리고 캄브리아기가 시작되면서 많은 생명체들이 태어나기 시작한다. 생명의 대폭발이다.

화면은 다양한 생명들이 등장하기 시작하는 장면을 파노라마로 펼쳐 보인다. 시아노 박테리아에서 시작하여 삼엽충, 앵무조개, 고사리, 은행나무, 공룡, 매머드 등이 스치듯이 지나가면 맨 마지막 화면에 인간이 우뚝 서 있다.

원핵생물 핵막이 없는 세포핵을 지닌 단세포 생물.

진핵생물 핵막으로 둘러싸인 세포핵을 가진 생물.

선캄브리아기 Precambrian 지질 시대(지구에 지층이 형성된 이후부터의 시대 구분) 중 가장 오래된 시기. 고생대 캄브리아기의 시작 이전으로 약 6억 년 이전.

캄브리아기 Cambrian period 지질 시대는 선캄브리아대, 고생대, 중생대, 신생대로 나뉜다. 그중 고생대 최초의 시기.

끙……. 정말 길고 긴 드라마였다. 내가 있기까지 무수히 많은 시간 속에 무수히 많은 일들이 농축되어 있었다. 그리고 여전히 일어나고 있다. 그 속에서 누군가 또는 무언가는 삶을 지속하고, 누군가 또는 무언가는 삶에서 사라져 간다. 저 파노라마 화면에 얼핏 보였던 공룡처럼. 한 시대의 지배자에서 다음 시대의 패배자로, 지금은 사라진 멸종 동물로.

# 진화의 개념은 아름답고도 슬펐다

문득 그가 그립다는 생각은 안 해 봤어?

글쎄, 왜 내가 그를 그리워해야 하지?

그는 밝고 명랑했을까? 선생님들 생활기록부에 기록된 것처럼 빛바랜 종이에 볼펜으로 '밝고 명랑함', 이라고 적혀 있었을까?

글쎄, 별로였겠지. 삶은 치열하니까.

그냥 문득 그가 지금도 있었으면 어땠을까 하는 생각이 들어.

아주 먼 옛날, 하늘에서는 운석이 떨어졌다. 아무도 예상하지 못했고, 그 누구도 그가 운석과 함께 이 지구에서 사라져 가리라 생각조차 못하던 그런 시절이 있었다.

운석, 한 번도 본 적이 없는 비도 눈도 아닌 것. 삶보다 뜨거운 기운에 휩싸여 운석과 함께 자신의 소멸을 온몸으로 버텨 보던 그. 그는 자기가 살던 이 땅과 바다, 이 빛과 어둠, 이 살아있음의 냄새를 아득하게 응시했다. 만일 그가 울 줄 알았다면, 어쩌면 울었을까. 그는 아득하게 사라졌다. 그것은 그가 이 땅에서 누렸던 시간을 생각한다면, 정말이지 한순간의 일이었다.

그는 어떻게 이 세상을 지배하게 된 거지?

글쎄, 그는 이 땅을 알았지. 본능이 그를 이 땅에서 살게 하기 위해 남들보다 빠른 적응력을 주었지. 그리고 그는 그렇게 강해지기 위해 힘과 머리를 쓸 줄 알았지.

하지만 긴 세월 군림하는 동안 그는 너무 익숙해져 버렸어. 그의 독재는 모든 것을 변화시킨 그의 힘에서 나왔지만, 그의 독재는 또한 변화를 싫어하게 만들었지. 변화 속에 군림한 그는 더 이상의 변화를 원하지 않게 돼. 변화라는 건 끊임없는 위험 인자를 안고 있으니까. 자칫하면 자신의 독재를 계속 유지하지 못하게 될 테니까. 물론, 그의 지배력은 막강해서 새로운 변화를 시도할 필요조차 없었어. 이미 그는 아무것도 하지 않아도 남들보다 우세한 종족이 되어 있던 거지.

그가 잊고 있던 것은 변화가 없으면 그 변화 속에서 일어나는 발전도 없어진다는 사실이지. 그가 그렇게 군림하는 동안 그의 발아래에서는 끊임없는 변화의 물결이 조용히 계속 되고 있었다는 것을 그는 알지 못했어. 그의 독재는 그의 힘만 키운 게 아니라, 그의 서열 아래 있는 자들이 그를 넘어서고 싶어 하는 꿈도 함께 키워 준 셈이지.

그 한순간 그는 2만 년의 시간을 떠올렸다. 그에게 삶은 먹이 사슬의 최상층으로 올라가기 위한 시간이었고, 그렇게 우뚝 선 정상에서 누린 평화와 안정의 시간이었다. 공존, 그는 물론 그를 비롯한 그의 종족, 그리고 그가 누르고 올라선 다른 무수한 종족들과의 공존을 생각했다.

공룡

그러나 그 공존은 수평선상에 있지 않았다. 그가 원하던 공존은 수직선상에 놓여 있었다. 그리고 그는 기어코 그 수직선의 맨 위에 군림하게 되었다. 그렇게 되기까지 그는 무수히 많은 적들과 싸워야 했고, 그 적들은 결코 만만하지 않았다. 그는 끊임없이 무장해야 했고, 끊임없이 변해야만 했다. 그 무수한 무장과 변화의 노력은 뚫을 수 없는 갑옷처럼 그에게 들러붙어 드디어 이 땅의 주인이 되게 하였다.

그런 어느 날이었다. 그가 올라선 수직선상의 꼭대기에는 그 밖에는 아무도 없었다. 외로웠던가, 그는 생각했다. 이제 더 이상 그는 무장하고 변하려고 고군분투할 필요가 없어져 버렸다.

그러기엔 그는 이미 너무 높이 올라서 있었고, 그와 공존하는 다른 종족들은 이제 그 위에서는 보이지도 않을 만큼 미미했다. 그래서 외로웠던가, 그는 다시 한 번 자신에게 물었다.

운석이 그의 눈앞으로 떨어지는 그 순간, 그는 2만 년의 시간 동안 그가 외로웠는지를 묻고 있었다. 그는 치열하게 살았고, 그리고는 평화를 맞이했다. 평화로워서 그는 외로웠다. 운석이 그의 눈에 박히는 순간, 그는 평화와 외로움은 닮은꼴이라고 스스로에게 말하고 있었다.

대부분의 사람들은 평화란 나쁜 일이 일어나지 않는 상태, 혹은 많은 일이 일어나지 않는 상태를 의미한다고 생각한다. 그러나 평화가 우리를 안정시켜 주고 행복하게 해 주는 거라면 뭔가 좋은 일이 일어나는 상태여야 한다.

–E.B. 화이트 (은희경, 《지도 중독》 중에서)

그에게 다른 길이 있었을까?

글쎄.

운석이 떨어지지 않았다면 말이지, 어쩌면 그도 달라지지 않았을까?

글쎄, 아무도 모르지. 그 전에 운석이 떨어졌으니까.

당신에게 그는 어떤 존재야?

글쎄, 우리보다 훨씬 오래 이 땅에서 강력한 존재로 군림하다가, 어느 순간 자연의 힘 앞에 무너져 버린 가여운 존재쯤으로 해 두지.

운석은 그가 이제까지 만난 모든 것 밖에 존재하고 있었다. 그는 예측할 수가 없었다. 그가 다른 종족들이 범접할 수 없는 위치에 다다랐을 때, 그가 더 이상의 변화를 원치 않았을 때, 그가 한 번도 생각하지 못했던 그의 종말이 다가오고 있었다. 그는 죽음에 대해 예상했지만, 그가 예상한 죽음은 그런 죽음이 아니었다.

다른 종족들의 반란이 성공해서 그가 물러날 수도 있었다. 이것은 그도 예측할 수 있는 범위 안에 있었다. 세상을 살아오면서 터득한 지혜로 그는, 그가 강해졌듯이 다른 누군가가 그처럼 강해질 수도 있다는 사실을 알고 있었다. 하지만 역시 그가 살아온 세월의 힘으로 반란을 진압해, 그가 여전히 세상을 지배할 수 있다는 사실도 알고 있었다. 그가 믿은 것은 후자였다. 그가 생각한 그의 죽음은, 이 땅 위에 삶의 길을 닦고 넓혀 간 선구자로서의 죽음이었다. 그는 그가 걷게 될 길을 몰랐지만, 그 길을 의심하지는 않았다.

그에게 닥친 재앙은 자연이었다. 어느 날 거대한 운석이 그가 주인으로 군림하던 땅 위에 떨어지기 시작했다. 그는 그 재앙의 기미를 읽어 낼 수 없었고, 형체가 보이지 않던 재앙 앞에 무릎을 꿇을 수밖에 없었다. 운석은 뜨거웠다. 그가 일찌감치 겪어 보지 못한 뜨거움이었다. 그는 그가 알지 못했던 운명을 그 뜨거움 속에서 깨닫기 시작했다. 그러나 그 뜨거움은 시작에 불과했다.

떨어진 운석은 잘게 부서져서 구름처럼 그의 땅 전체를 덮어 버렸다. 돌구름은 그의 땅에 쏟아져 내리던 태양의 행로를 막아 버렸고, 그는 이제 추위에 떨어야 했다. 태양이 가려진 그의 땅은 불모지가 되어 갔다. 빛의 힘이 사라진 땅에서 풀과 나무는 죽어 갔고, 풀과 나무가 사라짐에 따라 그의 약한 동료들은 서서히 사라지기 시작했다. 갑작스러운 변화에 그의 종족들은 굶주리기 시작했다. 뜨거운 기운 속에 사라져 가고, 추위 속에 사라져 가고, 식량이 부족해서 죽어 나가는 그의 종족들 앞에서 그는 달리 어떻게 해 볼 방법이 없었다. 그에게 닥친 재앙을 그는 받아들여야만 했다.

2만 년이었다. 그가 군림한 2만 년의 시간이 저 운석 앞에서 스러져 가고 있었다. 종족의 멸망과 그의 파멸을 앞에 두고 그는 문득 고독해졌다.

그가 살아남았다면 새로운 변화가 가능했을까? 아니면 그가 죽었기 때문에 새로운 변화가 이루어진 걸까?

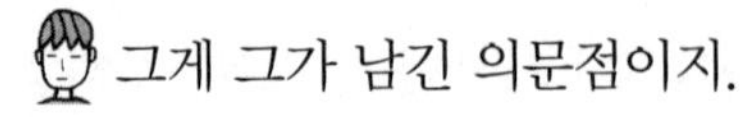
그게 그가 남긴 의문점이지.

우리는 그를 공룡으로 기억하고 있다.

## 공룡, 그 이후

〈서바이벌 게임〉의 저자 공룡 씨의 특강이 있는 날이다. 곰과 나는 특강을 들으러 가는 길이다.

이봐, 곰. 궁금한 게 있는데 말이야. 지구 역사에서 지배적인 우세종으로 2만 년 동안 먹이 사슬의 최상층에 군림했던 존재가 공룡이라고 했잖아?

그랬지.

그 긴 시간 동안 건조한 환경에 적응하고 치열하게 먹고 먹히면서 다양한 형태로 진화한 형태가 공룡이라고 했잖아?

그랬지.

운석이 떨어지면서 맞이한 자연 재앙으로 멸종했다고. 먹이 부족으로 초식 공룡부터 죽어 가고, 그 다음엔 육식 공룡이 죽어 가면서 그렇게 멸종했다고 했잖아?

그랬지.

그럼 그 당시 진화의 결정체였던 공룡이 불타 죽고 얼어 죽고 굶어 죽어 갈 동안 공룡보다 약한 놈들은 어떻게 된 거야?

살아남은 종도 있고, 공룡과 운명을 같이 한 종도 있지. 살아남은 종의 특징은 먹이를 많이 안 먹고도 오래 버티는 그런 종이겠지. 뭐, 다람쥐 같은 설치류 종류라고 하더군. 다음 세대의 주인공이 포유류로 바뀌게 되는 거지. 새로운 종으로의 진화.

…… 그리하여 결국 인간에 이르렀다?

이야기 끝에 특강 장소에 도착했다. 강사 공룡 씨는 그 지독한 자연 재앙 속에서 유일하게 살아남은 지구 최후의 공룡이었다. 2만 년 전의 그 운석이 내린 재앙 속에서 살아남은 공룡 씨의 생존 비결은 공룡이기를 포기한 것이다. 공룡이기를 포기한 그는 삶의 좌표를 잃었다. 그는 부유하는 생물이 되었다. 좌표가 없다는 것이 꼭 지향점을 잃었다는 소리는 아니었다. X축, Y축 어디로든 생존이기만 하면 그는 부유하게 되었다. 목표가 없으니 자유로웠고, 지향점이 없으니 어디든 지향할 수 있었다. 물론 다시 공룡이 되지는 못했다.

지금 공룡 씨의 모습은 누가 봐도 공룡이 아니다. 단지 그의 검은 눈빛 속에 2만 년 전의 심연이 깃들어 있기는 하지만, 그뿐이다. 공룡 씨는 변화무쌍하다. 시대가 가벼움을 원하면 가벼울 줄 알고, 시대가 무거움을 원하면 무거울 줄 안다. 그렇지만 그의 본질—그는 공룡이기 전에 생명이다—을 바꾸지는 않는다. 그래서 공룡 씨는 여전히 살아남는다.

드디어 공룡 씨가 강단에 올라왔다.

**공룡 특강**

"안녕하십니까? 청명한 날씨죠? 우리끼리는 그런 말을 하죠. 날씨가 없으면 할 애기도 없다! 정말 맑은 날입니다, 하하.(어색한 웃음.)

우선 제 소개부터 하죠. 저는 〈서바이벌 게임〉을 쓴 공룡입니다. 오늘 제가 여러분께 드릴 말씀은 인간도 과연 공룡처럼 멸종할 것인가에 대한 이야기, 또는 인간이 인간으로 살아남는 법쯤 된다고 보시면 됩니다.

자, 단도직입적으로 물어보지요. 인간도 공룡처럼 멸종할까요?

인간은 공룡보다 방어 능력

은 뛰어나 보입니다. 현재로서는 다른 종이 인간을 이기겠다고 덤벼들 수도 없지요. 뭐, 아직 인간의 생존 역사가 600만 년밖에 안 되었으니 나중에 생길지도 모르지만 말입니다. 그러나 공룡의 일을 누가 알았습니까. 사람의 일도 마찬가지겠지요.

지금의 인류를 대신할 신인류가 나타나서 멸종할지도 모르고, 또다시 자연의 재앙이 닥칠지도 모르지요. 아직까지는 인간의 자연 적응력이 공룡보다 낫다고 보긴 어려워서 공룡 시대의 운석이 또 떨어지면 인간도 거의 멸종할 수밖에 없겠지요.

지구의 기온이 내려가면서 얼음으로 덮이는 빙하기 아시지요? 정확한 이유는 밝혀지지 않아서 모르지만 이 빙하기가 공룡 이전 시대에도 여러 차례 있었다고 합니다. 공룡 멸종 이후에도 여러 차례 있었다고 하지요. 마지막 빙하기가 한 600만 년 전쯤 끝났고, 지금은 간빙기입니다. 우리는 마지막 빙하기와 다음 빙하기 사이에 놓여 있는 거지요. 또 언제 빙하기가 닥칠지 모른다는 소리입니다.

어디 자연재해뿐입니까? 전쟁과 기아로 세계 곳곳에서 난리입니다. 사실 말이 나와서 하는 말이지만, 우리가 살고 있는 것 자체가 기적입니다. 자, 그럼 이 모든 생존의 위험 인자 앞에서 당신은 어떻게 살아남을 것인가, 이 말입니다.

창밖을 보십시오. 비가 오지 않습니까? 지금 우산 가지고 오신 분이 있다면 비를 맞지 않겠지요. 돈이 있다면 우산을 사면 되고, 우산도 없고 돈도 없으면 우산이 있거나 돈이 있는 친구

신세를 지면 되고, 우산도 없고 돈도 없고 친구도 없으면 그냥 비를 맞고 가거나 비가 그칠 때까지 기다리는 수밖에요.

자, 우산이 있어서 먼저 길을 나섭니다. 그런데 빗길에 미끄러진 차와 그만 충돌하고 말 수도 있겠지요. 에라, 비를 맞고 가자 하고 거리로 나섰더니 5분 만에 비가 그쳐서 괜히 서둘기만 한 꼴이 될 수도 있지요. 어디 그뿐입니까? 비 피하려고 건물 안으로 들어갔다가 건물이 무너질 수도 있고, 비를 피하려다가 천둥 번개까지 다 맞을 수도 있고."

"저……, 무슨 말씀이신가요?"

"에이, 성급하시기는. 이런 얘기입니다. 인류에게 닥칠 위험은 그것이 알려진 위험이든 예측 가능한 위험이든 예측 불가능한 위험이든 분명 존재한다는 사실입니다. 그리고 우리는, 아, '우리'라는 표현을 써도 된다면 말입니다. 우리 사람들은 그런 위험에 적응하고 대처하고 진화하면서 지금까지 살아남았습니다. 그리고 이젠 생존의 문제가 아니라 삶의 질을 생각하게 되었지요. 2만 년 전의 공룡처럼 먹이 사슬의 최상층에 올라선 겁니다.

이제 인간이 어디로 갈지는 아무도 모르지요. 공룡의 길을 걸을지, 독자적인 노선을 찾아낼지……. 하지만 살아남는 법은 분명 있습니다.

"그게 뭡니까?"

"맨입으로야 되겠습니까? 그 방법은 바로 이 책 〈서바이벌 게임〉에 있습니다. 여기서 그 단서를 얻으실 수 있을 겁니다."

장내는 웅성거렸다. 더 놀라운 것은 그 책을 사려고 아우성이었다는 얘기다. 순식간에 책은 다 팔렸고, 공룡 선생은 2만 년의 심연이 가라앉은 눈에서 슬픔과 의지의 눈물 렌즈를 빼고 있었다.

이봐, 곰. 이거 어째 사기 당한 기분인데? 살아남는 법이 아니라 책 팔아먹는 법 아냐, 이거?

그게 저 사람이 살아남는 법이지. 적응하고 변화하며 다수가 되거나, 힘 있는 소수가 되거나 하면서 말이지.

저 책에는 정말 소행성과의 충돌, 운석, 기아 등등에서 인간이 살아남을 수 있는 방법이 제시되어 있을까?

없지. 그걸 누가 알아. 결국은 후일담이 될 뿐이지. 인류든 다른 종이든 살아남는 자가 남기는 후일담.

오늘은 꽤 비관적이네.

비관적이지도 낙관적이지도 않아.

왜 아니겠어?

모르겠다. '인간, 그 이후'가 올지 안 올지. 영화처럼 지구 온난화로 빙하가 녹아 넘치고, 곳곳에 기상 이변으로 자연재해가 속출할지. 소행성의 잦은 충돌로 거대한 운석이 지구로 떨어질지 아닐지. 그 와중에 인류는 전쟁을 하다 망할지, 아니면 기아로 허덕이다가 망할지. 갑자기 정신 차리고 바짝 대처할지, 지구를 구할 영웅이 나올지. 혹은 이 모든 걸 알고도 속수무책일 지…….

그냥 어느 순간 지구가 툭, 멈추어 버릴지도 모를 일이다. 난 이제 그만 돌 테다, 이러면서. 굳세게 입 앙다물고.

# 그래도 지구는 돈다

〈11분 토론〉에 곰과 함께 가기로 했다. 곰은 이 토론에서 사회를 맡기로 되어 있고 나는 시민 논객, 까지는 아니고 방청객의 신분이다. 〈11분 토론〉이 시작되었다. 오늘의 토론 주제는 "지구는 과연 돌고 있는가".

**〈11분 토론〉**

곰: 안녕하십니까? 오늘은 시공간을 초월해서 다양한 분들을 모시고 "지구는 과연 돌고 있는가"에 대해 이야기 나누어 보도록 하겠습니다. 오늘 패널로 참석해 주신 분은 먼저 고대 그리스당의 아리스토텔레스 님, 천동설을 사랑하는 모임

인 '천사모' 그리스 지부장 프톨레마이오스 님, 지동설을 사랑하는 사람들의 모임인 '지사모' 초대 회장 코페르니쿠스 님, 그리고 이탈리아 지사모 지부장을 역임하신 갈릴레오 갈릴레이 님이십니다. 자, 지금 지구가 돈다, 안 돈다 말들이 많은데 말이지요. 어떻게들 생각하시는지요?

아리스토텔레스: 거 뭐, 당연한 말씀을. 지구는 정지해 있습니다. 만일 지구가 돈다면 우리가 지구의 움직임을 느껴야 하지 않습니까? 아니면 지구가 빙빙 회전을 하니 인간들은 우주로 튕겨져 나가거나요. 그런데 보십시오. 아무 일도 없지 않습니까?

프톨레마이오스: 그렇습니다. 역시 위대하신 분이라 딱 떨어지는 말씀만 하십니다그려. 지구는 우주의 중심입니다. 움직이지 않죠. 이 지구의 둘레를 달이나 태양, 행성들이 각기 고유의 궤도를 따라 공전하고 있는 겁니다. 지구가 제일 가운데 있고, 이 지구를 중심으로 수성, 금성, 태양, 화성, 목성, 토성이 회전하고 있는 거지요.

코페르니쿠스: 아니, 아니. 저는 생각이 좀 다릅니다. 프톨레마이오스 님의 우주관은 지구 중심설이지만, 저는 태양이 중심에 있고 나머지 별들이 그 주위를 공전한다는 우주관을 갖고 있습니다. 지구도 그 나머지 별들 중 하나지요. 사실 지동설을 말하기가 쉬운 건 아닙니다. 열에 열 명은 다들 지구가 우주

프톨레마이오스 Ptolemaeos 그리스의 천문학자. 천문학 책 《알마게스트》 집필.

코페르니쿠스 Nicolaus Copernicus 폴란드의 천문학자. 지동설 주장.

의 중심이라고 믿고 있는데 그 인식을 제가 뒤집어 놓은 것 아닙니까. 그래서 어떤 사람들은 이러한 인식의 획기적인 전환에 대해 제 이름을 따서 '코페르니쿠스적 전환'이라고도 부른답니다.

갈릴레이: 저도 같은 의견입니다. 제가 망원경을 만들어서 저 우주를 관측하다 보게 된 게 뭔지 아십니까? 목성입니다. 목성의 둘레를 네 개의 작은 별들이, 나중에 사람들이 위성이라고 부르는 그 별들이 빙글빙글 돌고 있더군요. 모든 별들이 다 지구를 중심으로 도는 게 아니었습니다. 지구는 태양 주위를 돌고 있습니다.

프톨레마이오스: 이보시오, 갈릴레이. 아직도 정신을 못 차렸소? 지구가 우주의 중심이 아니라고, 게다가 움직이고 있다고 주장해서 종교 재판에까지 회부되지 않았소? 당신, 이단이오? 아니지. 당신도 결국은 지동설을 인정하지 않는다는, 이단 행위를 하지 않겠다는 서약서까지 쓰지 않았소?

갈릴레이: 저도 그 때문에 괴로웠습니다. 과학자로서 끝까지 지켜야 할 것을 지키지 못한 것 같아서 말입니다. 하지만 이제 다시 말할 수 있습니다. 진실을 밝히려고 하는 노력이 이단이란 말입니까? 아닙니다. 제가 비록 종교 재판까지 회부되어 순응하긴 했습니다만, 아닙니다. 당신들이 아무리 뭐라고 해도 그래도 지구는 돕니

갈릴레오 갈릴레이 Galileo Galilei
이탈리아의 천문학자. 저서 《프톨레마이오스와 코페르니쿠스의 2대 세계 체계에 관한 대화》가 금서로 지정되기도 함.

다. 예전부터 돌고 있었고, 지금도 돌고 있고, 앞으로도 돌 것입니다.

곰: 이쯤에서 제가 잠시 끼어들겠습니다. 제가 여기 계신 분들 중에 제일 나이가 어리다 보니, 아무래도 과학의 가설과 발견에 대해 가장 최근의 것들을 접하지 않겠습니까? 천체 망원경은 물론이요, 지구 밖으로도 나가는 세상이 되었지요. 그래서 드리는 말씀인데……, 이제 우리는 지구가 움직이고 있다는 사실을 알게 되었지요.

프톨레마이오스: 당신 지금 장난하오? 그 말이 사실이라면 왜 우리들을 여기 불러 모아 토론을 시키고 있는 거요? 당신의 지금 발언은 내 인식의 체계를 송두리째 뒤집어 놓는 발언이란 걸 아시오?

코페르니쿠스: 그건 이미 제가 뒤집어 드렸다니까요. 하지만 말입니다. 사회자님 말처럼 이제 과학의 발전으로 지구가 돈다는 게 뻔한 사실이 되었다면, 우리들을 왜 불러 모았는지에 대해서는 나도 좀 기분이 나쁘오.

곰: '로마는 하루아침에 이루어지지 않는다'는 말로 대신하겠습니다. 세상이 어떻게 생겨서 어떻게 돌아가고 있는지에 대한 관심이 이렇게 지속적으로 존재하지 않았다면, 사실 지금의 우리가 아는 게 뭐가 있겠습니까? 다 선배님들 덕분인 거지요.

갈릴레이: 역시 지구는 돌고 있었어!

프톨레마이오스: 좋소. 그렇다면 지구가 태양 주위를 돌고 있다는 증거를 대 보시오.

코페르니쿠스: 그래요. 나도 지동설을 주장하긴 했지만 사실 증거를 대라고 하면 아직…….

곰: 네. 그래서 준비했습니다. 여기 참석해 주신 모든 분들의 '세상의 발견'에 대한 끊임없는 연구와 노력은 그 이후에도 계속 이어졌습니다. 그래서 알게 된 지구가 돌고 있다는 여러 가지 증거들을 이제 보여 드리려고 합니다. 11분이라는 시간 관계상 그동안의 연구로 알게 된 지구 공전의 증거는 이 자료들로 대신하겠습니다. 별의 겉보기 운동과 광행차, 도플러 효과 등에 대한 자료입니다. 덤으로 지구 자전의 증거라고 할 수 있는 코리올리 효과, 푸코의 진자 등에 대한 자료들도 첨부했습니다. 한 부씩 보시면 다 이해하실 겁니다.

아리스토텔레스, 프톨레마이오스, 코페르니쿠스, 갈릴레이: 음, 그렇군, 그래. 그런 거였어.

봉구: ???????????????

곰 : 그럼 이상으로 〈11분 토론〉 "지구는 과연 돌고 있는가" 에 대해서 '지구는 돌고 있다' 라는 결론을 내리며 마치겠습니다.

〈11분 토론〉이 끝났다. 곰이 던져 준 증거 자료들은 아무리 읽어 봐도 무슨 내용인지 모르겠다. 별 수 있나, 곰을 붙잡고 늘어져야지.

곰, 이게 다 무슨 소리야?

지구가 돈다는 소리야.

읽어도 이해가 잘 안 가.

당신, 문맹이야?

응, 그런가 봐. 글은 읽겠는데 의미는 못 읽겠어.

마침 비가 내리기 시작했다. 처량하다. 〈11분 토론〉에서는 아무리 방청객이라지만 바보 역할만 했다. 아무리 위대한 과학자들이라고는 해도 참석한 사람들은 다 이해한 지구가 움직인다는 증거 자료들은 몇 번을 읽어도 모르겠다. 게다가 곰에게는 무시당하는 이때, 하늘에서는 비가 내린다. 하늘에서 내리는 비는 수직으로 내 머리 위에 뚝뚝 떨어지기 시작했다.

비다. 일단 기차 타고 가면서 설명해 주지.

응, 들어 줄게.

달리는 기차 안은 이제 '신기한 스쿨 기차'가 될 예정이다.

지구가 빙빙 돌고 있다면 우리가 왜 그 움직임을 느끼지 못하는 거지?

지금 기차 타고 있지? 이 기차가 지금 달리고 있지? 당신은 지금 달리는 기차 안에 있어. 분명히 기차는 움직이고 있지. 눈 감아 봐. 기차가 달리고 있다는 걸 알겠어? 모르겠지. 일정한 속도로 직진하는 기차 안에 있으면 기차 안에 있는 우리는 그 움직임을 느끼지 못할 뿐이야. 눈을 뜨고 창밖을 봐. 창밖을 보고 밖의 세상 풍경이 달라지는 걸 봐야 하아, 이 기차는 움직이고 있구나 하고 알게 되겠지.

응, 그렇구나.

자, 그럼 기본적인 질문. 지구가 23.5도(°) 기울어진 자전축을 중심으로 스스로 24시간에 한 바퀴 도는 건?

자전!

자전의 방향은?

서쪽에서 동쪽. 반시계 방향.

그래. 그래서 지구에 사는 우리가 볼 때는 태양이 마치 동쪽에서 떠서 서쪽으로 지는 것처럼 보이는 거야. 그럼 공전은 뭐지?

지구가 태양 주위를 하루에 1도(°)씩 돌면서 일 년에 한 바퀴 도는 것.

지구의 자전과 공전은 아네.

그럼. 그건 이런 거야. 김연아 선수가 있어. 상체를 23.5도(°)쯤 뒤로 젖힌 채 아이스링크 가장자리에서 혼자 회전을 하고 있는 거지. 그렇게 한 바퀴를 돌면서 링크 둘레를 1도(°)씩만 앞으로 나가. 그렇게 돌면서 365도(°)를 다 도는 거야.

김연아 선수를 힘들게 하지 마.

말이 그렇다는 거야.

자, 그럼 이제 시작해 보자. 기차 창밖을 봐. 나무들이 움직이고 있는 것처럼 보이지? 나무는 그냥 그 자리에 서 있어. 그런데 우리 기차가 움직이고 있으니까 기차 진행 방향이랑 반대 방향으로 나무가 움직이는 것처럼 보이는 거야.

그러네.

그게 지구가 공전한다는 증거야. 지구가 태양 주위를 돌고 있다면 지구 밖에 있는 천체의 위치가 변하겠지. 그걸 별의 겉보기 운동이라고 해.

별의 겉보기 운동 지구에서 관측한 별의 운동 모습. 지구가 움직이고 있기 때문에 실제의 운동 모습과 다름.

김연아 선수가 아이스링크 가장자리를 돌고 있고 카메라가 김연아 선수의 움직임을 따라서 이동한다면 말이지. 관객석에 앉아 있는 사람들은 그 자리에 그냥 앉아 있지만 김연아 선수가 이동하는 것과는 반대 방향으로 움직이고 있는 것처럼 보이는 뭐 그런 거?

김연아 선수를 힘들게 하지 마.

내가 김연아 선수를 힘들게 하는 동안 비는 더 거세졌다. 기차 창밖으로 비가 툭툭 부딪힌다. 빗금처럼 비스듬히 사선을 그리며 창문에 부딪히고 있다.

이게 지구가 공전한다는 또 다른 증거야.

뭐가, 이 비가? 비가 내리는 게 왜?

아까 기차를 타기 전에는 비가 그냥 수직으로 내렸지. 기차를 타서도 출발하기 전까지는 수직으로 곧장 내렸잖아. 그런데 지금은 비스듬히 기울어져서 떨어지지?

바람이 부나 봐.

바람이 안 불어도 그래. 기차가 움직이고 있기 때문이거든. 별빛도 그래. 지구가 공전하고 있기 때문에 별빛이 실제보다 기울어져서 들어오게 되는 거야. 이걸 광행차라고 하지.

광행차 지구가 공전하고 있기 때문에 먼 곳에서 오는 별의 빛이 공전 방향으로 기울어져 보이는 현상.

다시 창밖을 본다. 빗줄기는 여전히 사선으로 내리긋고 있다. 그래, 이 기차는 움직이고 있구나. 그때 저 앞에서 다른 기차가 요란한 기적 소리를 내며 우리가 타고 있는 기차 바로 옆을 스쳐 지나갔다.

'저 기차 안에도 곰과 나와 같은 사람들이 타고 있을까. 그들은 어디에서 왔다가 어디로 가는 걸까. 어떤 사연을 가진 사람들이 저 안에 있을까. 메텔과 철이? 그렇다면 저 기차는 은하철도 999?' 뭐 이런 말도 안 되는 잡념에 잠시 빠져 들었다. 요란하던 기적 소리가 기차가 멀어짐에 따라 흐릿하게 멀어지고 있었다. 내 잡념도 흐릿하게 사라지고 있었다.

도플러 Christian Johann Doppler
오스트리아의 물리학자.

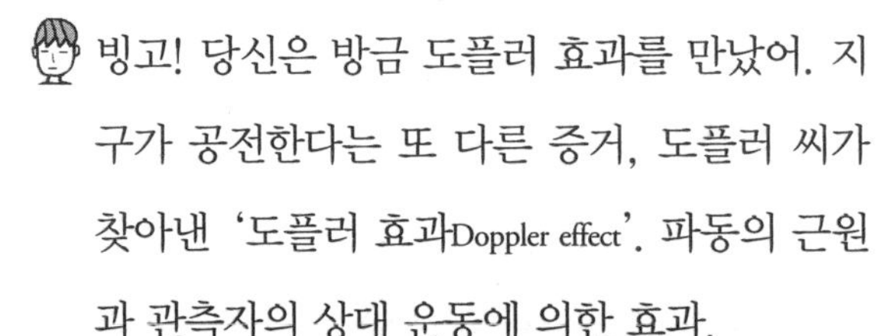

기적 소리가 이젠 아주 희미하네.

빙고! 당신은 방금 도플러 효과를 만났어. 지구가 공전한다는 또 다른 증거, 도플러 씨가 찾아낸 '도플러 효과Doppler effect'. 파동의 근원과 관측자의 상대 운동에 의한 효과.

도플러 효과

내가 어떻게 도플러 효과를 만났다는 거지?

지금 지나간 기차의 기적 소리를 잘 생각해 봐. 저 기차가 당신 바로 옆을 지날 때는 소리가 크게 들렸어. 그런데 우리 기차에서 멀어지면서 기적 소리가 낮게 들렸지? 기적 소리는 파동의 일종이야. 저 기차는 파원이고. 우리는 그 파원의 관측자라고 생각해 봐. 파원과 관측자 사이의 거리가 좁아질 때에는 파동의 진동수가 더 많아지고, 거리가 멀어질 때에는 파동의 진동수가 더 낮게 관측되는 현상이 바로 도플러 효과야.

그런데 그게 왜 지구가 공전한다는 증거야?

피조라는 과학자가 빛의 파동에서도 유사한 현상을 찾아냈지. 광원에서 빛이 다가올 때 관측자와 광원이 가까워지면 빛의 진동수가 증가하고, 광원이 멀어지면 빛의 진동수가 감소하는 거야. 프리즘 알지? 프리즘으로 별빛의 파장을 분석해서 스펙트럼의 변화를 보면 말이지. 별이 가까워지면 빛의 진동수가 늘어나면서 스펙트럼이 청색으로 치우쳐 있다가, 별이 멀

피조 Fizeau 프랑스의 과학자. 지표 상에서 빛의 속도를 측정하는 기발한 방법을 고안한 바 있다.

어지면 붉은색으로 치우치게 돼. 이러한 변화를 보고 지구의 공전을 확인할 수 있는 거지.

지구 공전의 증거들에 대한 이야기를 나누다 보니 창밖이 어두워지기 시작했다. 낮 시간이 이제 밤의 시간으로 넘어가려고 한다.

## 지구 자전의 증거들

벌써 낮에서 밤으로 시간이 흘렀다. 나는 살짝 졸음에 겨운데 곰은 지친 기색도 없이 말을 잇는다.

낮에서 밤으로 바뀌는 건 지구의 자전 때문이기도 해. 지구의 자전축이 기울어져 있기 때문에 낮이 더 길어지거나 밤이 더 길어지기는 하지만 말야. 어쨌든 지구가 스스로도 돌고 있으니까 낮과 밤이 생기는 거지.

지구가 자전한다는 증거들은 또 뭐가 있어?

지구가 완전히 동그란 구형보다는 약간 찌그러진 타원형에 가깝다는 거지. 뉴턴과 호이겐스는 지구가 찌그러진 모양이라고 생각했어. 적도 부분이 좀더 튀어나온 타원형. 이걸 이해하려면 뉴턴의 만유인력의 법칙과 호이겐스의 뉴턴 Isaac Newton 영국의 물리학자·천문학자·수학자(1642~1727). 광학 연구로 반사 망원경을 만들고, 뉴턴 원무늬를 발견하였으며, 빛의 입자설을 주장하였다. 만유인력의 원리를 확립하였으며, 저서로 《자연철학의 수학적 원리》가 있다.

호이겐스 Christiaan Huygens 네덜란드의 물리학자이자 천문학자(1629~1695). 빛의 파동설을 제창하고 '호이겐스의 원리'를 발표하였으며, 진동 시계·망원경 등을 고안, 제작하였다.

원심력 효과를 생각하면 돼.

뉴턴은 질량을 가진 모든 물체는 주위의 물건을 끌어당기는 힘이 있다는 걸 알아냈어. 중력 말이야. 지구 표면의 모든 지점이 지구 중심을 향해 똑같이 당겨지고 있으니까 지구는 동그란 모양이지. 그런데 지구가 자전을 한다면 자전축을 중심으로 회전 속도가 가장 큰 곳이 어디겠어? 지구라는 원의 둘레를 제일 길게 돌게 되는 적도거든.

이 부분에서 원심력이 등장해. 원운동을 할 때 원의 중심에서 멀어지려는 힘이 원심력인데, 적도 부분에서 이 원심력이 중력에 대항하는 힘이 제일 세지거든. 그래서 적도 부분이 볼록하게 부푼 모양이 되는 거지. 어이, 이봐. 졸려? 듣고 있는 거야? 가서 세수 한 번 하고 와.

중력이 내게도 작용하고 있었다, 그래서 내 눈이 자꾸만 감기는 거다, 중력이 그만 내 눈꺼풀을 잡아끄는 바람에 그런 거지 절대 졸고 있던 건 아니다, 뭐 이런 변명을 늘어놓고 정신 차릴 요량으로 기차 뒤편으로 향했다. 창밖으로는 바람이 거세게 불고 있었다. 태풍이라도 오려나. 거센 바람이 휘휘 휘감아 불고 있다.

태풍 같은 바람 한번 맞고 다시 자리로 향했다. 지구가 돌고 있다는 거 충분히 알았으니 그만 하라고 싶지만, 아직 남은 게 있다. 분명히 〈11분 토론〉에서 받은 증거 자료에는 코리올리 효과와 푸코의 진자라는 게 더 들어 있었다. 그래, 자존심이 있지. 일단 최소한의 문맹에서는 벗어나 보자. 곰이 내 수준에 맞춰 초간단 설명을 해 줘서 그렇지, 사실 파고 들어가면 그렇게 호락호락하고 간단한 일은 아닐 게다. 하지만, 하지만 말이다. 나도 이 세상이 어떻게 굴러가고 있는지를 조금쯤은 내 안에도 담아 두고 싶다. 그것은 작은 시발점이 될 것이다.

태풍은 직선으로 불지 않는다.

정신을 차리고 다시 자리로 돌아갔다. 곰은 작은 추를 꺼내서 흔들고 있었다. '레드 썬' 최면 연구라도 하나 보다 중얼거리며 자리에 앉았다.

이봐, 곰. 태풍인가 봐, 바람이 거세게 불어. 잠이 확 깨더라고. 그래서 확 생각났어. 지구가 자전한다는 증거 중에 코리올리 효과. 그게 뭐야?

태풍이 불고 있다며. 태풍이 직선으로 부는 게 아니라는 건 알지? 태풍은 북반구에서는 반시계 방향으로 소용돌이가 생기고, 남반구에서는 시계 방향으로 소용돌이가 생겨. 이렇게 태풍이 회전하면서 부는 것도 코리올리 효과 때문이야.

코리올리 Gustave Gaspard Coriolis 프랑스의 물리학자이며 수학자. 기상학 · 탄도학 · 해양학에 매우 중요한 것으로, 회전하는 물체에 나타나는 효과인 코리올리의 힘을 처음으로 설명했다.

코리올리 효과 Coriolis effect 코리올리가 이론적으로 정리한 것으로 회전하는 물체 위에 나타나는 가상적인 힘. 전향력. 지구 자전에 따라 회전하는 물체가 북반구에서는 오른쪽으로, 남반구에서는 왼쪽으로 휘는 현상.

코리올리 효과?

CD같이 회전하는 물체 위에다가 직선을 그으면 그 선은 곡선이 되는데, 그게 코리올리 효과야. 코리올리가 찾아낸 거라서 코리올리 효과라고 하는데, '전향력'이라고도 해. 지구가 자전을 하고 있으니까 무언가 직선이었던 진행 방향이 휘는 것처럼 느껴지는 거지. 북반구에서는 오른쪽으로 휘고, 남반구에서는 왼쪽으로 휘어. 혹시 바람 중에 편서풍이라든지 무역풍이라든지 하는 것은 들어 봤냐?

들어 봤을 것 같아?

아니. 무역풍이나 편서풍도 코리올리 효과, 즉 전향력의 영향으로 바람의 방향이 휘어서 동쪽이나 서쪽을 향해 부는 거야. 무역풍은 적도 쪽을 향해 부는 바람인데 북반구에서는 '↙' 방향으로 불고, 남반구에서는 '↖' 방향으로 불어. 편서풍은 극지방 쪽으로 부는 바람인데 북반구에서는 '↗' 방향으로 불고, 남반구에서는 '↘'으로 불어.

음……. 화살표의 세계는 잘 모르겠고, 여하튼 그런 바람들이 곡선으로 휘면서 부는 게 다 지구가 돌기 때문이라 이거지. 그게 코리올리 효과라는 거고.

자, 이거나 읽어.

곰은 나에게 얇은 책 한 권을 주었다. 이름하여 〈지붕 뚫고 거침없이 대포알〉.

## 〈지붕 뚫고 거침없이 대포알〉

적도 지역에 코리올리라는 꼬마가 살고 있었습니다. 코리올리의 엄마와 아빠는 아주 바쁜 사람이었어요. 엄마는 북극곰의 눈물 성분을 분석하는 연구를 하느라 북극에 가 계시고, 아빠는 남극 펭귄의 축지법을 연구하느라 남극에 계셨거든요.

코리올리는 씩씩한 아이였어요. 하지만 오늘만큼은 기운이 축 빠져 있었어요. 오늘이 코리올리 생일이거든요. 엄마랑 아빠가 내 생일인 걸 잊었나 봐. 두 분 다 바쁘시니까. 내가 먼저 알려드려야지. 그럼 축하한다고 해 주실 거야. 코리올리는 마당에 나가서 대포알 편지를 쏠 준비를 했어요. 엄마와 아빠에게 꼭 할 말이 있으면 대포알을 쏘라고 했거든요.

코리올리는 먼저 엄마가 계시는 북극으로 대포알을 쏘았어요. 자, 대포알이 엄마에게 도착했을까요? 북극을 향해 날아가던 대포알은 그만 엄마가 계신 곳에서 오른쪽으로 치우쳐 떨어졌답니다. 지구의 자전 때문이었어요. 코리올리가 사는 적도 지역은 자전 속도가 북극보다 빠르거든요. 북극보다 지구 둘레를 더 길게 돌아야 하니까요. 서쪽에서 동쪽으로 자전하는 속도가 북극보다 빠르니까, 북극에 도착했을 때는 원래 쏘아 올리려던 곳보다 오른쪽에 떨어지고 만 거예요.

그럼 아빠는 대포알 편지를 받았을까요? 이번에는 아빠가 계시는 곳에서 왼쪽으로 대포알이 떨어졌어요. 서쪽에서 동쪽으로 자전하는 속도가 이번에는 남극이 더 느리잖아요. 그러니까 대포알이 그만 왼쪽으로 치우쳐 떨어진 거예요. 다 지구의 자전 때문이었답니다. 지구가 돌고 있으니까 코리올리의 대포알이 그만 방향이 휘어진 거지요.

한편 아주 바쁜 코리올리의 엄마와 아빠가 문득 오늘이 코리올리의 생일이라는 걸 기억했어요. 엄마, 아빠는 코리올리에게 생일 축하 대포알을 쏘기로 했어요. 코리올리는 엄마 아빠의 축하 대포알을 받았을까요? 북극에서 엄마가 보낸 대포알은 이번에도 그만 휘고 말았어요. 느리게 자전하는 곳에서 빠르게 자전하는 적도 지역으로 쏘았더니 그만 코리올리 마당보다 서쪽으로 떨어지고 말았지요. 아빠가 보낸 대포알은 동쪽으로 떨어졌고요.

서로의 사연을 담은 대포알은 그 누구도 받지 못한 채 각각 오른쪽과 왼쪽에서 잠들고 말았답니다.

뭐야, 이거 슬픈 이야기잖아.

책을 덮고 나서 곰을 보니 곰은 여전히 추를 갖고 놀고 있다.

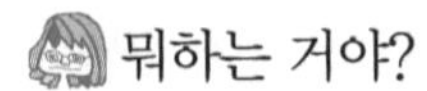

뭐하는 거야?

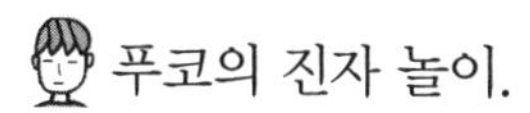
푸코의 진자 놀이.

## 푸코의 진자 놀이

곰은 추를 지지대에 매달아 고정시켰다. 그리고 바닥에는 종이를 놓았다. 종이 위에는 방학 생활 계획표 같은 모양의 원이 그려져 있다. 그러더니 추를 12시와 6시 방향을 잇는 선을 따라 흔들기 시작했다. 추는 왔다 갔다 움직였다. 그뿐이었다. 그게 다였다.

이게 뭐야?

지구가 자전을 하지 않아서 그래. 이 진자는 계속 이렇게 같은 지점만 왔다 갔다 할 거야. 진자는 처음에 흔들린 방향으로만 움직이는 성질이 있거든. 종이를 봐. 지금 분명히 12시와 6시를 잇는 선 위를 왔다 갔다 하고 있지. 그런데 지구가 자전을 한다면 어떤 일이 생길까? 자, 이제 지구가 자전을 한다.

곰은 원이 그려진 종이를 서쪽에서 동쪽으로 돌리기 시작했다. 그러자 추는 1시와 7시를 잇는 방향으로 움직이는 것처럼 보이기 시작했다. 종이를 서쪽에서 동쪽으로 계속 움직이고 있자니, 추는 마치 시계 방향으로 회전하는 것처럼 보이는 것이 아닌가.

이게 지구가 자전한다는 증거야. 추는 같은 방향으로만 움직이고 있지만, 지구가 자전을 하니까 마치 시계 방향으로 회전하는 것처럼 보이는 거지. 볼링 핀 12개에 각각 숫자를 써서 시계처럼 원으로 늘어놓고, 천장에다 볼링공을 매달아 봐. 그리고 줄에 매달린 공을 흔들어서 움직이게 하고. 12번 핀과 6번 핀을 쓰러뜨리는 방향으로 말이지. 누가 볼링공이 움직이는 방향을 건드리지 않고 그대로 두면 줄에 매달린 볼링공은 계속 그 자리만 움직일 테니까, 12번이랑 6번 핀 말고 다른 볼링 핀들은 안 쓰러지겠지. 지구가 움직이지 않는다면 말이야. 그런데 지구는 돌고 있거든. 그래서 24시간이 지나면 아마 볼링 핀 12개는 다 쓰러져 있을 거야. 집에 가서 실험해 봐.

그런 실험을 어떻게 해?

실험의 레전드가 있지. 바로 푸코야. 프랑스의 물리학자 푸코는 거대한 진자를 만들었어. 그는 67미터(m)짜리 쇠줄에 28킬로그램(kg)의 추를 연결한 진자를 판테온 성당 천장에 매달았어. 그리고 진자에 힘을 가하자 진자는 시계추처럼 진동하기 시작했지. 그런데 시간이 지날수록 이 추가 지구의 자전에 따라 진동면이 시계 방향으로 회전하는 것처럼 보이더라 이거지. 물

푸코의 진자

론 북반구와 남반구, 적도에 따라 달라지기는 하지만. 이게 푸코의 진자, 지구 자전의 또 다른 증거.

푸코 J. B. Foucault 프랑스의 과학자. '푸코의 진자'로 지구의 자전을 증명함.

기차는 어느새 목적지에 도착했다. 기차가 멈추었다. 어느 사이엔가 비도 멈추었다. 그리고 나는 느끼지 못하고 있지만, 지구는 오늘 하루도 혼자 자전하면서 태양 주위를 1도(°)쯤 돌았다.

 긴 하루였어.

 점점 더 길어질 거야.

## 하루 24시간, 일 년 365일

나의 하루는 당신의 하루보다 짧다.
그러니 당신, 나에게 하루는 24시간이라고 말하지 말라.
그리고 명심하라. 당신의 하루는 갈수록 길어질 것이다.
땅은 잰 걸음에서 더딘 걸음으로 달빛 아래 천천히 움직이리라.

_산호

아침에 누가 문틈으로 이런 암호문 같은 분홍색 편지를 넣어 놓았다. 보낸 사람은 '산호'라고 되어 있는데, 내가 아는 사람 중에 '산호'라는 이름을 가진 사람은 없다. 누가 잘못 보낸 걸까? 누군가와의 접선을 앞두고 보낸 암호문인데 그게 우연히 나에게 온 걸까? 테러나 뭐 그런 거사를 앞두고 거사 날짜와 시간, 장소를 알려 주는 암호일까? 음, 그렇다면 해독을 해야 한다. 나는 어쩌면 지구를 구할 운명인지도 모른다. 모든 건 다 나의 해독 여부에 달려 있다.

그러나 아무리 머리를 굴려도 종잡을 수가 없다. 그때 문득 어제 기차에서 내려 헤어질 때 곰이 했던 말이 떠올랐다. “점점 더 길어질 거야.”

긴 하루였다는 내 말에 분명 그렇게 대답했다. 분명 곰과 연관이 있을지도 모르겠다. 곰에게 연락을 취하려고 했으나, 전화기의 전원이 꺼져 있다는 응답만 돌아왔다. 메시지 받는 대로 연락 달라는 문자를 보냈다. 그러나 마냥 기다리고 있을 수만은 없어서 ‘하루’, ‘24시간’, ‘잰 걸음과 더딘 걸음’, ‘달빛’ 등의 의미를 생각하고 있을 때, 문 쪽에서 부스럭거리는 소리가 났다. 얼른 다가가 보니 아침에 받은 분홍색 편지와 똑같은 편지가 또 놓여 있었다.

나의 일 년은 400일,

또 다른 나의 일 년은 380일.

나는 당신의 일 년보다 많은 하루하루를 살아야 했다.

_산호

갈수록 오리무중이다. 하루가 24시간이라고 말하지 말라더니, 이번엔 자기의 일 년은 400일 또는 380일이나 된다고 하니 이거야 원. 나는 하루 24시간, 일 년 365일인 세상에 사는 평균치의 사람인데, 저 '산호'라는 인물은 도대체 어떤 시간대를 살고 있는 거야? 혹시 '380-365=15'이고 '400-365=35'니까, 일 년 365일이 지나고 나서 15일째와 35일째라는 소리일지도 모른다. 그때 두 번의 테러를 일으킨다는 소리일지도 모르겠다. '달빛'이라고 했으니까 시간은 밤 시간대, '나의 하루보다 짧다', '하루가 24시간이라고 하지 말라'고 했으니까 24시간 이전에 뭔가 벌어진다는 소리가 아닐까?

뭔가 불길해서 다시 곰에게 문자를 보냈다. 큰일이 일어날지 모른다고, 이걸 막아야 하는데 나 혼자 힘으로 이 암호를 풀기에는 역부족이라고.

"딩동."

그때 현관에서 초인종이 울렸다. 곰인가 하고 나가 보니, 트렌치코트를 입고 파이프 담배를 문 키가 큰 남자와 체크무늬 양복을 입고 외알 안경을 쓴 작은 남자가 현관에 서 있었다.

"안녕하십니까? 저희는 곰 씨의 의뢰를 받고 사건을 해결하기 위해 온 사람들입니다. 저는 셜록 곰즈, 이쪽은 제 친구이자 조수인 곰슨입니다."

나는 셜록 곰즈 씨에게 내가 받은 수상한 분홍색 편지 두 장을 보여 주었다. 셜록 곰즈 씨는 두 통의 편지를 뚫어져라 보더니 코트 안주머니에서 작은 책을 꺼내 편지와 번갈아 가며 읽기 시작했다.

"그래, 이거야."

나와 곰슨 씨는 영문을 모른 채 멍청한 표정으로 멍하니 셜록 곰즈 씨를 보았다.

"테러와 관련된 암호 맞죠? 새해가 시작되고 15일째와 35일째 무슨 일을 벌인다는 거죠?"

내 말에 셜록 곰즈 씨는 뭐 이런 게 다 있나 하는 표정으로 잠시 나를 보더니 말을 이었다.

"테러? 흠, 아닙니다. 당신은 하루가 24시간이라고 생각하고 있죠? 뭐 틀린 말은 아닙니다만 그건 평균일 뿐입니다. 지구가 자전하는 데 걸리는 시간은 현재로서는 23시간 56분 정도입니다. 여기에 공전하는 데 필요한 4분 정도가 더해지면 태양이 한 지점에서 떠서 다시 그 지점으로 돌아오는 데 걸리는 시간이 24시간이 되는 거죠. 그런데 지구가 자전하는 시간이 항상 23시간 56분이었던 건 아닙니다. '나의 하루는 당신의 하루보다 짧다'고 했죠? 이건 아주 오래 전에는 지구가 자전하는 데 걸리는 시간이 지금보다 빨랐다는 겁니다. 그러니 당연히 하루가 24시간이 아닐 뿐더러 24시간보다 짧죠."

"하지만 이 사람은 지금 여기를 사는 사람 아닌가요? 어떻게 지구 자전 속도가 지금보다 빨랐다는 예전 시간대를 살고 있죠? 그리고 예전에는 지구 자전 속도가 지금보다 빨랐다는 건 어떻게 알고요?"

셜록 곰즈 씨는 다시 한 번 뭐 이런 게 다 있나 하는 표정으로 잠시 나를 보더니 말을 이었다.

"이 편지를 보낸 사람을 보십시오. '산호'라고 되어 있죠. 이건 사람 이름이 아니라 산호 화석을 말하는 겁니다. 산호 화석은 이 지구의 과거 어느 특정 시대를 살았던 흔적을 잘 보여 준답니다.

산호는 성장선이 있어서 하루에 성장한 선을 갖게 되죠. 그 선의 수를 세면 일 년의 일수를 알 수 있는 겁니다. '나의 일 년은 400일'이라고 된 부분 있죠? 약 4억 년 전 산호 화석을 보면 성장선의 수가 400개 정도였다고 합니다. 일 년이 400일이었다는 소리죠. 3억 년 전쯤의 산호 화석을 보면 380개 정도였다고 하고요. '또 다른 나의 일 년은 380일'은 그런 소리죠. 이게 무슨 소리겠습니까?

둘 중 하나죠. 아주 먼 옛날에는 지구의 공전이 더 길었거나 아니면 하루가 24시간보다 짧았다는 거죠. 지구의 공전 둘레는 예나 지금이나 별 차이가 없다는 건 이미 밝혀진 사실이니 그렇다면 결론은 하나. 먼 과거에는 지구의 자전 속도가 지금보다 빨랐다는 겁니다. 그렇다면 4억 년 전쯤에는 지구의 하루가 24시간이 아니라 대략 22시간 정도였다는 계산이 나오지요. '나에게 하루는 24시간이라고 말하지 말라'는 그런 의미겠지요."

" '그리고 명심하라. 당신의 하루는 갈수록 길어질 것이다.' 이건 무슨 소리죠?"

셜록 곰즈 씨는 다시 한 번 더 뭐 이런 게 다 있나 하는 표정으로 잠시 나를 보더니 말을 이었다.

"4억 년 전에는 22시간이었던 하루가 지금은 24시간이죠? 이 말은 지구의 자전 속도가 계속 느려지고 있다는 겁니다. 그러니까 지금 당신이 사는 현재의 지구에서는 하루가 24시간이지만, 더 많은 세월이 지나면 26시간이 되지 말라는 법도 없죠."

"왜 지구의 자전 속도가 느려지고 있는 건가요?"

"그 답은 '땅은 잰 걸음에서 더딘 걸음으로 달빛 아래 천천히 움직이리라'에 나와 있군요. 땅이라 함은 지구를 의미하는 겁니다. 잰 걸음에서 더딘 걸음으로 간다는 건 속도를 말하는 거겠지요. 그리고 그게 달과 관련되어 있다는 겁니다.

기조력이라고 아십니까? 네, 모르실 줄 알았습니다. 간단히 말하자면 달이 자신의 인력으로 지구를 끌어당길 때 생기는 힘을 말합니다. 이 때문에 밀물과 썰물이 생기는 거지요. 달이 자기와 가까운 지역을 반대편 지역보다 더 강하게 끌어당기니까요. 뭐, 지구와 달이 줄다리기를 한다고 해도 좋겠습니다. 달이 지구를 자기 쪽으로 끌어당겨서 지구 한쪽을 부풀게 하고, 반대쪽은 지구가 자전하면서 생기는 원심력으로 부풀어 오르니 흡사 줄다리기 같지 않습니까?

기조력 지구와 천체 간의 인력에 의해 생기는 힘으로 밀물, 썰물 등을 만들어 냄.

여하튼 달이 지구를 끌어당기면 그만큼 지구가 도는 데 일종의 브레이크를 거는 셈이니까 자전 속도가 느려진다고 볼 수 있죠. 당신이 뛰고 있는데 누가 옷자락을 붙잡는다면 당연히 속도가 줄겠지요. 사실 지구와 달의 기조력은 서로에게 영향을 주고

지구와 달

있습니다. 그 과정에서 지구보다 왜소한 달은 지구의 기조력에 의해 자전 에너지를 빨리 잃게 된 겁니다. 느려진 달은 자전 주기와 공전 주기가 같아졌고, 그래서 우리 지구에서는 달의 뒷면은 볼 수 없게 되었지요. 아, 설명이 길어졌군요. 그럼 저는 사건을 해결했으니 그만……."

"아, 잠깐만요. 그런데 이 편지가 왜 제게 온 거죠?"

셜록 곰즈 씨는 또다시 뭐 이런 게 다 있나 하는 표정으로 잠시 나를 보더니 말을 이었다.

"편지 봉투는 살펴보셨습니까? 당신이 아니라 웰스 씨 앞으로 가는 편지더군요. 잘못 배달된 거지요. 고생물학자인 웰스 씨는 산호 화석을 연구하고 있거든요. 그분한테 가는 편지인데 뭔가 배달 사고가 생긴 겁니다. 그럼 이만."

셜록 곰즈 씨는 친구이자 조수인 곰슨 씨와 함께 유유히 사라졌다. 남겨진 나는 지구와 달을 생각했다.

# 달의 편지를 읽는 방법

셜록 곰즈 씨가 돌아가고 '테러 암시는 아니었던 테러 편지'를 편지함에 넣다가 해묵은 연애편지 한 장을 발견했다.

**사랑하는 당신**[1)]

사랑하는 당신, 한참을 고민하다 이렇게 당신에게 편지를 씁니다. 당신은 항상 저에게 비밀이 많다고 하셨지요? 제가 너무 많은 것을 숨긴다고, 제 모습을 당신에게 온전히 다 보여 주지 않는다고, 그래서 당신은 저를 가늠하기 힘들다고 말입니다.[2)] 하지만 당신도 아시다시피 우리가 만난 이후로 그 긴 시간 동안 저는 늘 당신의 주변을 맴돌았습니다. 당신 주변을 맴돌고 있는 건 저밖에 없다는 걸 당신도 잘 아시잖아요[3]. 당신이 처음으로 당신 밖으로 나와 만난 것도 제가 처음이고요. 물론 당신은 다른 사람[4]을 대신 보내긴 했지만 말입니다.

저는 당신이 제게 붙여 준 그 이름을 소중하게 간직하고 있답니다. 달……. 얼마나 예쁜 이름인지요.[5] 당신이 안 볼 때 저 혼자 나지막하게 달, 이라고 속삭여 보면 왜 그리 여운이 오래 남는지요. 당신이 당신의 한 달, 두 달에 제 이름을 붙였다는 걸 알았을 때 제 가슴은 또 왜 그리 콩닥거리던지요. 전 제 이름으로 당신의 열두 달을 채울 수 있어서 얼마나 기뻤는지 모릅니다.[6] 당신은 나를 다른 이름으로도 불렀지요. 'moon'이었나요? 당신이 저를 'honey moon'[7]이라고 부를 때는 또 얼마나 달콤했는지 모릅니다.

우리 첫 만남을 기억하세요? 너무 오래 전의 일이라 처음 만난 그 순간의 기억은 희미하네요. 누구는 이렇게 말하지요. 당신처럼 나 역시 혼자서도 내 삶의 궤도를 따라 움직이는 하나의 행성이었다고. 그러다 언제였던가, 우연히 당신 옆을 지나가다 그만 당신의 매력에 끌리는 바람에 당신 주위를 맴돌게 되었다고요. 그들은 당신의 그런 매력을 중력이라고 부르더군요.[8]

또 누군가는 이렇게 말하지요. 제가 원래 당신의 일부였다고. 당신의 일부였지만 당신에게서 떨어져 나와 지금 이렇게 당신 곁을 맴돌고 있다고. 그렇게 당신에게서 떨어져 나갔지만 여전

히 당신의 일부여서, 당신의 주위를 이렇게 떠나지 못한다고 말이어요.[9)]

아무렴 어때요, 저를 끌어들이는 게 당신인 건 변함이 없는 걸요. 하지만 감정이란 참 묘하지요. 당신에게 완전히 끌려들어가는 것이 두려워 저는 또 당신에게서 달아나려고 하니까요. 당신과 나 사이의 거리는 그렇게 조금씩 멀어졌지요.[10)] 기억나세요? 처음의 우리 사이는 이보다는 가까웠어요. 저는 당신의 바다가 끊임없이 파도치게 하고 밀물과 썰물로 움직이게 만들면서, 당신에게 생명의 태동을 만들어 주기도 했지요. 생각하면 참 아득한 일이지요.[11)]

저는 처음 사랑에 빠진 여인들이 그러하듯, 수줍어서 당신에게 제 모습을 오롯이 다 보이지도 못했지요. 조금씩 제 모습을 보이다가 다 보여 드리고 나서는 또 수줍은 마음에 모습을 가리고, 가끔 완전히 사라지기도 했지요. 결국 당신은 보름에 한 번 온전한 제 모습을 볼 수 있었어요.

하지만 당신은 저의 한 단면만을 볼 수 있을 뿐 제 뒷면은 볼 수 없었답니다. 제가 당신에게 이끌려 제 스스로 도는 삶의 속도를 당신 주변을 도는 속도에 맞춰 버리고 나서는 이제 도저히 당신에게 제 뒷모습을 보여 드릴 수는 없게 되었지요.[12)]

저는 무수히 상처 받은 영혼입니다. 수많은 운석들이 저에게 날아와 제 속은 온통 그들이 남긴 상처로 가득하지요. 또 제 안의 감정이 곪을 대로 곪아 화산 터지듯 터지면서 생긴 상처들로

도 가득하지요. 제 속은 움푹 패인 구멍으로 가득하게 되었답니다. 당신은 저의 이 상처를 '크레이터'라고 부르셨지요.[13)]

생각하면 당신은 저에게 정말 많은 이름들을 주셨습니다. 제 안의 어두운 부분, 검은 현무암으로 이루어진 듯한 제 속의 어둡고 넓은 부분을 당신은 마치 시처럼 '바다'라고 불러 주었지요. 풍요의 바다, 고요의 바다, 폭풍의 바다……. 제 안에 있는 건 사막뿐이지만요.[14)]

그래도 우리 역시 '밀당'을 했지요. 연애할 때 '밀고 당기는' 뭐 그런 거라고 하네요. 당신이 저를 끌어당기기는 했지만, 저 역시 당신을 끌어당기고 있었답니다. 제가 당신을 제 끌어당기는 힘으로 끌면, 당신 안의 바다는 제가 높이 끌어당기는 바람에 밀물처럼 당신에게로 쏟아지고는 했지요. 썰물처럼 빠져나가기도 하고요.[15)]

우리의 이 줄다리기 때문에 당신이 힘들어 한다는 건 미처 몰랐답니다. 당신은 언제나 스스로의 삶을 잠시도 쉬지 않고 24시간 움직여 나가지요. 그런데 제 사랑의 인력이, 제 사랑의 밀물과 썰물이 당신의 움직임에 제동을 걸 줄이야. 그래서 당신이 저 때문에 주춤거리면서 당신 스스로의 삶을 움직이는 데 드는 에너지를 잃어버리고 있을 줄이야.[16)]

이제 우리가 멀어지게 된 이야기를 해야 할 차례군요. 저는 당신에게 이끌려 제 삶의 속도를 당신에게 맞추었다고 말씀드렸지요? 그러면서도 미약하나마 당신을 제게로 끌어당기고도 있다고요. 그렇지만 우리의 사랑이 당신 삶의 추진력을 앗아간다고 생각하니 저는 더 참기가 힘들었답니다. 그리고 또 하나, 제 삶이 완전히 당신 속으로 끌려들어가기도 원치 않았답니다. 결국 배려하면서도 이기적인 게 제 본래 모습일지도 모르지요. 어쩌면 당신의 모습일지도 모르고요. 그렇게 저는 조금씩 당신에게서 멀어지고 있지요.17)

언젠가는 당신이 삶의 속도를 저에게 맞추어 주는 날이 올지도 모르겠습니다. 저는 그걸 바라는 걸까요? 제가 지금보다 당신에게서 더 멀어진 그때, 어쩌면 저와 당신은 같은 속도로 삶을 움직여 나갈지도 모르지요. 제가 그런 삶을 바라는 걸까요?

글쎄요, 어쩌면 저는 당신 곁을 떠나고 싶은 건지도 모르겠습니다. 당신이 예전에 잡은 제 발목을 결국 놔 주지 않았다고 애증을 함께 키워 왔는지도 모르겠습니다. 아니, 어쩌면 질투 때문일지도 모르지요. 당신이 아무 말 안 했지만 알고 있답니다. 당신에게 저는 겨우 일 년에 열두 번 기억날 뿐이지만, 당신이 일 년 365일 내내 떠올리는 사람18)이 있다는 사실을요.

달

저는 당신 주변을 맴돌지만 당신은 제 주변을 맴돌지는 않았지요. 그저 당신의 중력이라는 이름으로 저를 끌었을 뿐. 하지만 당신은 그 사람 주변을 일 년 내내 맴돌고 있더군요.[19] 아세요? 사랑은 등바라기라는 거? 저는 당신만 바라보며 당신 주위를 돌고, 당신은 그 사람만 바라보며 그 사람 주변을 돌고 있죠. 저는 당신만 보고 있으니까 당신이 어디를 보는지 알게 된 거고요. 당신은 오늘도 조금씩 그 사람 주변을 돌고 있군요. 저는 오늘도 숨어서 그 모습을 지켜보고 있고요. 당신이 그 사람 이름을 부르네요. 태양……. 알아요, 당신의 주인은 태양[20]이라는 걸.

저는 저와 당신, 태양을 생각하며 오늘도 조용히 슬픈 노래[21]를 부르고 있습니다.

안녕, 내 사랑.

여전히 당신 주위를 맴돌지만 조금씩 멀어지는,
당신의 달

편지를 다 해독한 나는 라디오를 켰다. 마침 달이 조용히 불렀다는 그 슬픈 노래가 나오고 있었다.

"안녕하십니까, 〈별이 빛나지만 안 보이는 낮에〉 청취자 여러분. 오늘도 저와 함께 두 시간 동안 이러쿵저러쿵 이야기를 나누어 보자고요! 오늘의 첫 곡 들려드립니다. 나미가 부릅니다, 〈빙글빙글〉."

♬ 그저 바라만 보고 있지♩♪?♬

♬ 그저 눈치만 보고 있지♩♪?♬

늘 속삭이면서도 사랑한다는 그 말을 못해

♬ 그저 바라만 보고 있지 ♩♪?♬

♬ 그저 속만 태우고 있지♩♪?♬

늘 가깝지도 않고 멀지도 않은 우리 두 사람

그리워지는 길목에 서서 마음만 흠뻑 젖어 가네

어떻게 하나 우리 만남은 빙글빙글 돌고

여울져 가는 저 세월 속에

♬ 좋아하는 우리 사이 멀어질까 두려워♩♪?♬

노래 자체는 슬프지 않았다. 발랄했다. 하지만 해묵은 달의 편지를 읽고 난 다음이라 그런지 가사 하나하나가 다 안쓰럽게 느껴진다. 지구와 달의 만남은 언제까지 그렇게 가깝지도 않고 멀지도 않게 빙글빙글 돌게 될까? 여울져 가는 저 세월 속에 그 사이가 멀어지면 어떻게 될까?

"네, 노래 신청하신 달님, 지구와의 사이가 자꾸만 멀어진다고 하니 얼마나 속상하시겠어요? 하지만 걱정하지 마세요. 지구가 달님의 마음을 알아줄 날이 올 테니까요. 노래 하나 더 띄워 드립니다. 김현철이 부릅니다, 〈달의 몰락〉. ~♩♪?♬~ 광고 듣고 코너 속의 코너 〈오늘의 퀴즈 왕〉을 시작하도록 하지요."

## 달의 편지를 읽는 법

1) 지구를 의인화.
2) 달이 29일 동안 지구를 공전하면서 태양, 지구, 달의 위치에 따라 지구에서 보이는 모습이 바뀌는 현상. 초승달, 상현달, 보름달, 하현달, 그믐달 등 보이는 정도에 따라 명칭이 다르다.
3) 달은 지구 주위를 도는 유일한 위성이다.
4) 1969년 아폴로 11호를 타고 최초로 달에 도착한 닐 암스트롱을 의미한다.
5) 달을 여성으로 의인화하여 그녀의 이름이 '달'인 것처럼 표현하고 있다.
6) 달은 한자로는 月, 우리가 쓰는 달력의 열두 달을 의미한다.
7) 신혼여행을 뜻하는 영어. 달을 뜻하는 영어 'moon'을 애칭처럼 사용하여, 'moon' 앞에 연인들이 상대방을 지칭할 때 쓰곤 하는 닭살스러운 단어 'honey'를 붙인 것처럼 표현하고 있다.
8) 달의 생성에 대한 학설 중의 하나. 원래는 달도 하나의 독립된 행성이었는데, 지구의 중력으로 인해 지구로 끌려와서 지구 주위를 맴돌게 되었다고 한다.
9) 달의 생성에 대한 또 다른 학설에 의하면 원시 지구가 운석이나 소행성 등과 충돌하면서 원시 지구의 지각 일부가 떨어져 나갔고, 그것이 달이 되었다고 보고 있다. 여기에 언급되지는 않았지만 달 역시 태양계 행성들이 생겨날 때 지구처럼 먼지와 가스 등이 뭉쳐서 생겨났다고 보기도 한다.
10) 뒤에 다시 언급되겠지만 달의 공전 궤도가 길어지면서 지구와 달 사이의 거리가 점점 멀어지게 되는 것을 의미한다.
11) 달의 기조력은 지구에 조수간만, 즉 밀물과 썰물을 만들어 냈다. 앞서 생명 탄생의 신비에서 살펴본 것처럼 달이 만들어 낸 밀물과 썰물, 파도 등은 원시 지구의 바다에 아미노산이 생성되는 것을 도왔으며, 이 아미노산이 생명체 탄생의 시발점이 되었다.
12) '제 스스로 도는 삶의 속도'는 달의 자전 속도를 의미한다. '당신 주변을 도는 속도'는 달이 지구를 도는 공전 속도를 말한다. 달의 자전 주기는 공전 주기와 같아졌는데, 이로 인해 지구에서는 달의 뒷면을 볼 수 없다.

13) 달에는 절구공이를 휘두르는 토끼나 치즈로 만들어진 산 대신에 움푹움푹 패인 구멍들이 많다. 이는 운석들이 달과 충돌하면서 생긴 구덩이들이다. 이러한 구덩이들을 '크레이터'라고 부른다.

14) 달에는 어두운 현무암질의 평평한 지역이 있는데, 이를 천문학자들이 '바다'라고 불렀다. 풍요의 바다. 고요의 바다, 폭풍의 바다, 평온의 바다, 지혜의 바다 등 달의 어두운 부분에는 다양한 이름들이 붙어 있다.

15) 달의 인력은 지구와 가까운 부분을 끌어당기는데, 이때 달의 기조력에 의해 밀물과 썰물 같은 조수간만의 차가 발생한다. 달에 의해 끌려가 해수면이 높아진 바다는 밀물을 만들어 낸다.

16) 달이 자전하고 있는 지구를 끌어당기게 되면 지구는 자전하는 데 일종의 브레이크가 걸리게 된다. 이렇게 되면 지구는 자전하는 데 필요한 에너지의 일부를 잃게 되므로 그 속도가 느려지게 된다.

17) 손실되는 지구의 자전 에너지는 그 손실만큼 달이 떠안아야 한다. 에너지 보존 법칙에 의해 회전하는 데 필요한 에너지는 보존되어야 하므로, 지구가 잃은 에너지는 달의 회전 에너지로 더해진다. 에너지를 더 얻은 달은 29일 정도의 공전 주기 동안 지구 주변을 더 빨리 돌아야 하므로 지금의 공전 궤도보다 더 긴 궤도를 그리게 된다. 이렇게 되어 달은 지구에서 점점 멀어지고 있다.

18) 태양을 의인화.

19) 지구가 태양의 둘레를 도는 공전을 의미한다. 지구는 위성인 달을 거느리고 태양계의 태양인 태양 주변을 하루에 1도씩 365일에 걸쳐 돌고 있다.

20) 만유인력의 법칙에 따라 태양 역시 태양의 중력으로 지구를 끌어당기고 있다. 지구는 태양의 궤도 중심으로 끌어당기는 중력과 그 바깥으로 나가려는 원심력의 균형을 이루면서 공전하고 있다.

21) 여기에서 달이 부르는 노래는 흘러간 대중가요인 나미의 〈빙글빙글〉이다. 슬픈 노래라고는 했지만 리듬 자체는 경쾌한 노래.

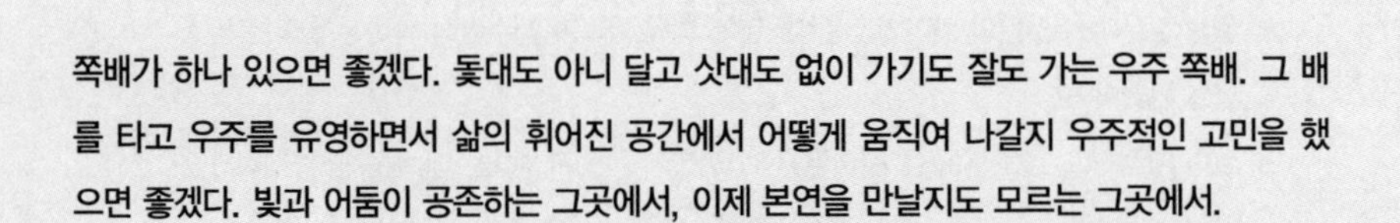

쪽배가 하나 있으면 좋겠다. 돛대도 아니 달고 삿대도 없이 가기도 잘도 가는 우주 쪽배. 그 배를 타고 우주를 유영하면서 삶의 휘어진 공간에서 어떻게 움직여 나갈지 우주적인 고민을 했으면 좋겠다. 빛과 어둠이 공존하는 그곳에서, 이제 본연을 만날지도 모르는 그곳에서.

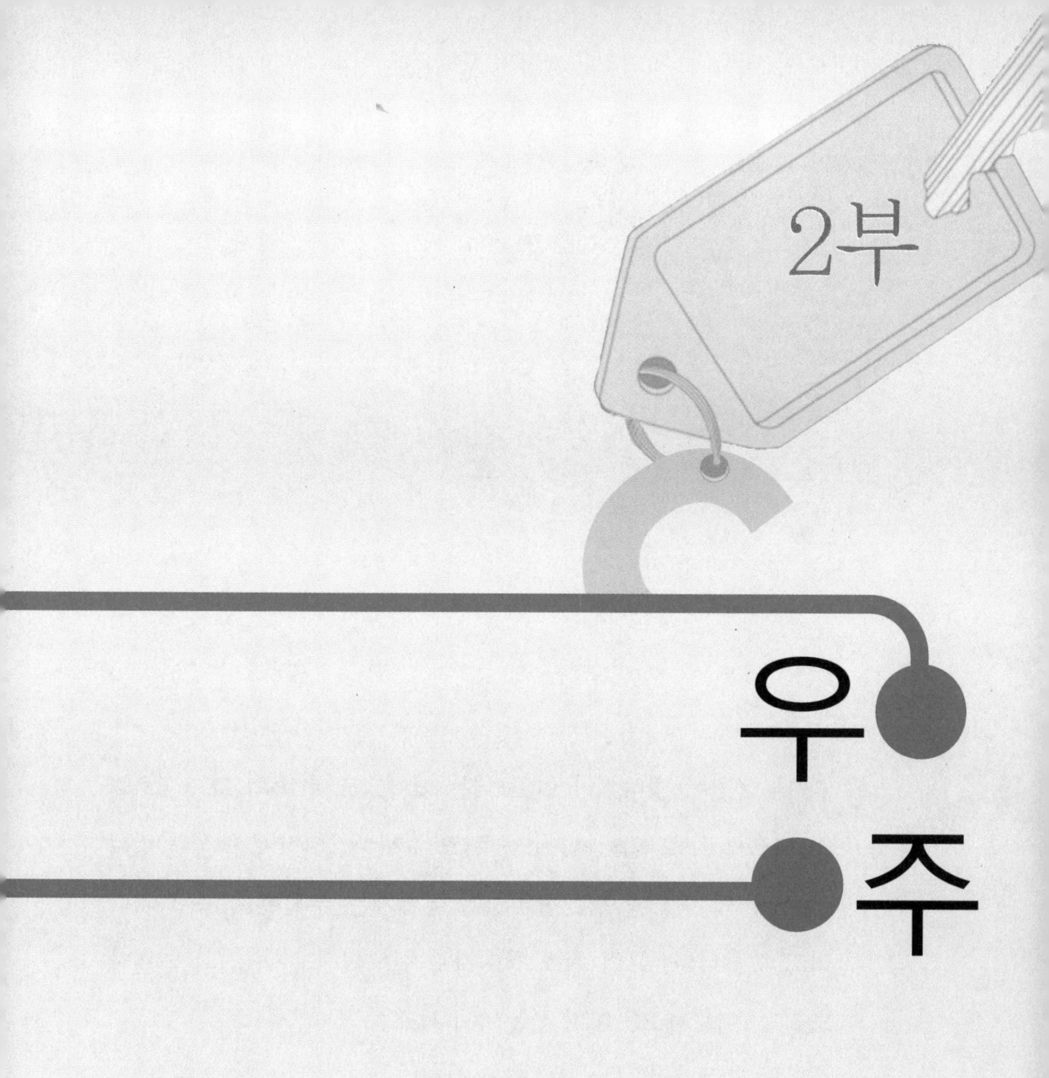


# 우주

## 태양계 행성들

"네, 〈별이 빛나지만 안 보이는 낮에〉 코너 속의 코너 〈오늘의 퀴즈왕〉 시간입니다. 오늘 퀴즈 주제는 '태양계 행성들'입니다. 오늘의 퀴즈왕으로 뽑히시는 분에게는 푸짐한 상품이 기다리고 있습니다. 그럼 퀴즈 참여자로 선택되신 분과 전화 연결해 보지요. 여보세요? 어디 사는 누구시죠?"

"네, 그럭저럭 사는 봉구라고 합니다."

"네, 그럭저럭 사는 봉구 씨, 문제 잘 풀어 주시기 바랍니다. 오늘의 출제자는 곰 씨입니다."

'또 곰이냐?'라고 생각하자 '또 너냐?' 하는 곰의 생각이 전해져 왔다.

본격적인 문제에 앞서 먼저 개념 문제입니다. '행성'이란 무엇입니까?

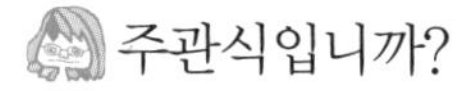

주관식입니까?

그렇습니다.

객관식으로 해 주십시오!! 처음부터 너무하십니다.

시끄럽습니다. 다시 한 번 묻습니다. '행성'이란 무엇입니까?

……별입니다, 움직이는 별. 다닐 행行, 별 성星.

우리가 흔히 별이라고 하는 것을 천문학적으로 말하자면 모든 별이 별인 것은 아닙니다.

그럼 도대체 별이 뭡니까?

태양처럼 스스로 빛을 내는 천체를 별이라고 합니다. 움직이지 않는 것처럼 보이기 때문에 항상 그렇다고 '항성恒星'이라고도 하죠. 이 항성의 빛을 반사시켜 빛을 내는 것 중의 하나가 행성입니다. 다시 말해 항성인 태양 주위를 공전하며 스스로는 빛을 내지 못하고 태양빛을 반사하여 빛나는 천체를 '행성行星'이라고 합니다. 참고로 말씀드리자면 '위성'은 행성 주위를 도는 천체, '소행성'은 태양계에서 화성과 목성 사이를 돌고 있는 작은 돌멩이들을 가리키는 말이지요.

친절한 설명 감사드립니다만, 우리가 흔히 말하는 일반적이고 넓은 의미에서 맞는 걸로 해 주십시오.

……알겠습니다. 바로 다음 문제로 넘어가죠. '태양계'는

무엇입니까?

수금지화목토천해명입니다.

광활한 우주의 깨알만한 어느 한 부분에서 태양과 그 태양의 중력에 의해 태양 주변을 돌고 있는 행성과 소행성, 혜성, 유성 등의 천체로 이루어진 하나의 계系가 '태양계' 입니다. 봉구 씨가 말씀하신 '수금지화목토천해명'은 태양계에 속하는 행성들이죠. 그것도 암기용으로 줄인 말이고요. 그나마 맨 뒤의 '명'자는 이제 태양계에서 퇴출되었습니다. 명왕성은 이제 태양계의 행성이 아닙니다. 왜소 행성으로 분류되어 새로운 이름도 생겼죠. 뭐, 이름이라기보다는 '134340'이라는 번호지만요.

태양계

좀더 말씀드리자면 태양계의 행성들은 지구 궤도 안쪽에서 태양 주위를 도는 수성, 금성 같은 '내행성'과 지구 궤도 바깥쪽에서 돌고 있는 화성, 목성, 토성, 천왕성, 해왕성 같은 '외행성'으로 분류하기도 합니다. 수성, 금성, 지구, 화성은 크기가 작고 밀도가 높은 암석 행성들로 '지구형 행성'이라고 하고, 목성, 토성, 천왕성, 해왕성은 크기가 크고 밀도는 낮은 가스형 행성들로 '목성형 행성'이라고도 하죠.

소행성대 Asteroid belt **화성과 목성 사이에 띠처럼 퍼져 있는 소행성들. 이중에는 SF 문학의 거장 레이 브래드버리의 이름을 딴 '9766 브래드버리' 소행성도 있음.**

화성과 목성 사이에는 '소행성대asteroid belt'가 있어서 소행성들이 태양 주위를 돌고 있습니다. 해왕성 바깥에는 얼음과 운석으로 이루어져 태양의 주위를 도는 작은 천체들이 있지요. 이것을 '카이퍼 띠Kuiper belt'라고 하죠. 천문학자인 카이퍼의 이름을 딴 겁니다. 태양계의 가장 바깥쪽에는 먼지와 얼음 조각이 모여 있는 '오르트 구름Oort cloud'이 있습니다. 역시 천문학자 오르트의 이름에서 나온 명칭입니다. 또…….

카이퍼띠 Kuiper Belt 해왕성 바깥쪽에서 태양 주위를 돌고 있는 작은 천체들의 집합체.

오르트 Jan Hendrik Oort 네덜란드의 천문학자. 스웨덴의 천문학자 베르틸 린드블라드가 주장했고 오늘날 일반적으로 받아들여지는 우리은하의 은하면이 회전한다는 가설을 발전시켰다. 주로 은하의 역학 및 구조에 대해 연구했다.

오르트 구름 태양계 가장 바깥쪽에서 돌고 있는 먼지와 얼음 조각의 집합체로 장주기 혜성(수천 년의 주기를 가진 혜성)의 근원지.

이쯤에서 곰의 말을 끊어야 했다. 한꺼번에 속사포처럼 쏟아져 나오는 설명은 친절하기는 하나, 나에게는 '불친절한 친절'이다.

친절한 설명 감사드립니다만, 저는 푸짐한 상품이 더 중요합니다. 태양계에 속하는 행성들을 말하기는 했으니까 맞게 해 주십시오. 명왕성은 못 들은 걸로 해 주십시오.

…….

…….

한참 동안 침묵이 오갔다. 그러더니 DJ의 멘트가 이어졌다.

"네, 코너 속의 코너 〈오늘의 퀴즈왕〉이 너무 길어져서 코너 속의 코너가 다른 코너를 잡아먹었네요. 시간 관계상 여기서 방송을 마쳐야 할 지경이 되었으니까요. 퀴즈에 참여한 다른 분도 없고 하니 그냥 봉구 씨께 푸짐한 상품을 드리도록 하겠습니다. 〈모든 것을 위한 자리〉 초대권, 발송해 드릴게요.

마지막 곡입니다. 빅뱅의 태양이 부릅니다. 〈나만 바라봐〉. 노래 들으시면서 〈별이 빛나지만 안 보이는 낮에〉 마칠게요. 안녀어엉~."

## 모든 것을 위한 자리

속았다. 푸짐한 상품이 〈모든 것을 위한 자리〉 초대권이라니. '푸짐하다'는 단어의 뜻을 도대체 아는 거야, 모르는 거야? 〈모든 것을 위한 자리〉는 도대체 뭘 위한 자리라는 거야?

**초 대 권**

모든 것을 위한 자리
-태양계 행성들이 들려주는 여덟 가지 또는
아홉 가지 이야기

이 초대권을 받는 즉시 불태우세요.
그러면 당신은 모든 것을 위한 자리에 초대될 것입니다.

툴툴거리지만 하라면 또 하라는 대로 하는 나는, 하라는 대로 했다. 그리고 나는 〈모든 것을 위한 자리〉에 자리하게 되었다.
누군가의 독백이 시작됐다.

## 수성을 위한 자리

수성

자네들, '머큐리Mercury'라고 아나? 아니아니, 전설의 록그룹 〈퀸〉의 프레디 머큐리 말고 신화에 등장하는 머큐리 말일세. 머큐리는 로마식 이름이네. 그리스 사람들은 헤르메스Hermes라고 불렀지. 그래그래, 그 헤르메스. 날개 달린 신발과 지팡이를 들고 제우스의 전언을 재빠르게 나르는 신의 전령. 그게 바로 나일세. 태양과 가장 가까운 자리에서 태양 주변을 돌고 있는 작은 몸집의 사내, 태양에서 멀리 떨어지는 일이 없는 그가 바로 나일세. 사람들은 나를 수성이라고도 부르지.

나는 달처럼 곰보 투성이의 사내라네. 운석이 떨어지면서 생긴 크레이터들을 갖고 있거든. 태양과 가까운 나의 자리 때문에 지구에서는 나를 보기가 어렵다네. 태양의 밝은 빛 속에 들어가 있으니 말이지. 나의 밤은 영하 170도(°), 나의 낮은 430도(°), 대기는 희박해서 나 아닌 다른 생명이 들어올 자리는 없다네. 내 주위를 도는 별도 나는 가지고 있지 못하지. 그저 태양과 가장 가까운 곳에서 홀로 주어진 궤도를 도는 것, 그것이 나의 자리일세.

## 금성을 위한 자리

금성

나의 이름은 '비너스'. 아니아니, 그 속옷 이름이 아니랍니다. 미의 여신 비너스Venus, 그게 바로 내 이름이지요. 아프로디테라고 불러도 좋아요. 뭐라고 부르든 내 미모는 변하지 않으니까요. 오죽하면 '사랑의 비너스'겠어요. 지구에서 볼 때 가장 밝게 빛나는 별, 출중한 외모를 자랑하는 별이 바로 나랍니다. 한국에서는 저녁 무렵 서쪽 하늘에서 밝게 빛날 때는 '개밥바라기'라든지 '태백성'으로, 새벽에 동쪽 하늘에서 반짝일 때는 '샛별', '계명성'이라고도 불러요. 이렇게 많은 이름으로 불리는 건 다 제 밝음에 붙이는 찬사들이라고 생각해요.

아름다운 여자들은 튀기 마련. 그래서 나는 당신들과는 다른 방향으로 돌고 있죠. 당신들이 서쪽에서 동쪽으로 돌 때, 나는 동쪽에서 서쪽으로 돈답니다.

내 몸집이 지구와 비슷해서 뭇사람들은 지구의 쌍둥이 행성이라고도 하지만, 사실 몸집 말고는 비슷한 점이 거의 없답니다. 내 몸은 두꺼운 구름으로 가득 덮여 있죠. 이 이산화탄소층이 태양에게서 내게로 들어온 그 뜨거운 열을 받기만 하고 잘 안 내보낸답니다. 온실 효과 같은 거죠. 그래서 나는 수성보다 더 뜨거워요. 태양에서 두 번째로 가까운 곳에서 밝고 뜨겁게 타오르는 자리, 그게 내 자리죠.

### 지구를 위한 자리

혼돈인 카오스에서 태어난 대지의 여신 '가이아Gaia', 하늘과 바다와 산들을 낳은 가이아, 그게 바로 당신들이 지금 보고 있는 나, 지구Earth입니다. 모든 생명의 고향. 물이 흐르는 땅. 태양계의 세 번째 행성. 러시아 우주비행사 가가린이 남긴 말, '지구는 푸르다'로 유명한, 모든 지구인들의 삶의 공간으로 반짝이는 별. 그게 제 자리입니다. 아, 잊을 뻔했군요. 언제나 저를 따라다니는 제 위성, 달을 위한 자리도 남겨 두었지요.

### 화성을 위한 자리

나는 늘 붉게 타오른다. 호전적인 나를 가장 잘 표현해 주는 색이 바로 붉은색이다. 불타오르는 화염, 이리저리 너울거리는 불꽃들, 지옥의 아비규환, 핏빛으로 물드는 전쟁터의 색깔, 붉은색. 그렇다! 나는 전쟁의 신 '마르스Mars'. 내가 두른 철갑옷은 유구한 세월 속에 녹슬었고, 녹슨 철은 붉은색을 띤다. 붉은 행성, 화성. 그것이 바로 지금 당신들이 보고 있는 나다.

나는 나를 따르는 두 명의 전사 '포보스'와 '데이모스'를 거느리고 있다. 사실 내 아들들이다. 내 비운의 사랑, 세상 사람들의 손가락질을 받은 내 슬픈 사랑의 결실. 아프로디테를 아는가? 세상의 모든 사람들이 찬미하는 아름다움의 여신, 거품 속에서 태어난 그녀. 그래, 비너스 그녀.

화성

그녀의 남편은 솜씨 좋은 대장장이였다. 제우스의 아들이기도 했으니 그 신뢰가 이만저만이 아니었지만, 불행히도 그는 지독한 추남이었다. 여기에 우리 운명의 비극이 있고, 우리 운명의 모순이 있다. 그렇다. 내 사랑, 아니 만인의 연인 아름다운 아프로디테, 나의 비너스의 남편이 바로 저 못생긴 대장장이라니. 나는 결코 그들의 결혼 생활이 행복하리라 믿을 수 없었다. 그리고 용기 있는 자만이 미인을 얻는다는 말이 사실이라면, 가장 이상적인 것은 가장 남자다운 나와 가장 여자다운 그녀의 결합이어야 했다.

결국 나의 사랑은 불륜이라는 지탄을 받았지만 나는 두 아들을 얻었다. 쌍둥이 형제인 나의 아들들의 이름은 포보스와 데이모스. 나는 이 둘을 거느린 채 태양 주변을 돌고 있다. 나의 여신, 금성과는 거리를 둔 채.

나의 강인함 속에 숨은 이 어두운 상처는 검은 바위가 되었고, 모래 폭풍이 불어왔다. 사람들은 멀리서만 보고 내 안에 물이 흐른다고 오해를 했다. 지구처럼 물이 흐르는 별이 있다, 저기에도 생명이 있을 것이다……. 내가 지구의 절반 정도의 몸집에, 일

년이 687일이어서 지구의 계절보다 두 배는 길지만, 그래도 지구의 계절과 비슷한 덕분에 지구인들은 나를 지구의 동생쯤으로 생각하기도 한다. 그래서 그들은 무수한 탐사선을 나에게로 보내고, 화성인에 대한 무수한 영화를 만들기도 했다.

하지만 나에게서 볼 수 있는 것은 붉은 흙과 돌로 가득한 사막, 그리고 핏빛으로 물든 하늘뿐, 그 이상은 없다. 하지만 나도 당신들의 상상은 즐긴다. 지구에서 가까운 행성에 지구인과는 다른 화성인이 산다면, 그래 즐거운 상상이 아닌가. 언젠가 내 상처가 치유되면 나도 내 안에서 화성인을 만들어 낼지도 모를 일이다. 그때까지는 두 위성 포보스와 데이모스를 거느린 붉은 별이 내 자리다.

## 소행성대를 위한 자리

(코러스) 우리는 소행성들, 우리는 소행성들, 우리는 소행성들.
화성과 목성 사이에 띠처럼 퍼져서 태양 주위를 돌고 있어요.
어린 왕자의 별, 소행성 b-61는 어디 있을까요.
asteroid belt, asteroid belt, asteroid belt, 다 함께 찾아봐요!
세레스(소행성!), 베스타(소행성!), 팔라스(소행성!), 주노(소행성!).

우리는 소행성들, 우리는 소행성들, 우리는 소행성들.
그래요, 우리는 화성과 목성 사이에 띠처럼 퍼져서 태양 주위를 돌고 있답니다.

### 목성을 위한 자리

목성

올림푸스의 주인을 아느냐? 이 우매한 자들아, 디지털 카메라를 말하는 게 아니란 말이다. 그대들은 어찌하여 우리를 잊고 기껏해야 속옷이나 뭐 그런 것으로만 기억한단 말인가. 아직도 이렇게 이 우주에 우리가 버젓이 공존하고 있는데. 나는 신들의 왕, '주피터Jupiter' 님이시다. 그렇다. 제우스Zeus, 신들의 최고 권력자. 물론 바람둥이로도 유명하지만 그게 다 권력에 따르는…… 흠, 그 말은 그만두기로 하자. 내 위엄과도 관련이 있으니.

모든 영웅들에게는 비범한 출생 과정이 있기 마련이니, 우선 그 이야기를 먼저 들려주도록 하지. 내 아버지 크로노스는 자식이 태어나는 족족 삼켜 버렸다. 그렇게 나의 형들과 누나들은 아버지의 뱃속으로 들어가야만 했다. 마지막으로 내가 태어나자 어머니는 나 대신에 돌을 주었고, 내 아버지 크로노스는 그 돌을 삼켰지. 그리고 나는 아버지가 삼킨 내 형제, 자매들을 토해 내게 한 후 그를 축출하고, 이 올림푸스 산의 최고 자리에 오르게 된 것이다.

이 태양계에서 내 위상은 내 몸집으로 드러난다. 나는 그대들 중에서 제일 거대하지 않은가. 나는 태양 주변을 도는 모든 행성 중에 가장 크다. 그게 바로 주피터, 신들의 제왕으로서의 이미지 아니겠는가. 내 속력은 또 어떤가. 나는 약 10시간에 한 바퀴씩 자전을 하고 있지 않은가. 그 엄청난 속력 때문에 내 대기에는 줄무늬가 생기지. 그대들은 만화책은 보는가? 만화에서 잽싸게 달리는 장면을 보면 다리가 보이던가. 아니지, 만화가들은 다리 대신 소용돌이 같은 것을 그려 넣고는 하지. 그것과 비슷하다고 보면 될 것이다.

어디 그뿐인가. 나는 그대들, 수성, 금성, 지구, 화성과는 본질적으로 다르지 않은가. 그대들은 암석 행성이지. 우주를 떠돌던 먼지와 가스가 만나서 뭉친 거지. 그렇게 쌓이고 쌓여서 작고 촘촘한 밀도를 지닌 암석 행성으로 자라났지만, 나는 그대들보다 크고 무엇보다 주로 가스로 이루어져 있지 않은가 말이다. 주로 수소와 헬륨으로 이루어진 나는 글쎄, 어쩌면 태양 같은 항성이 될 수도 있었지. 하지만 그대들을 택했다고 해 두지. 영광인 줄 알아야 할 것이다.

아, 나의 위대함은 내가 거느린 수많은 위성들의 존재에서도 알 수 있을 것이다. 나도 일일이 다 기억을 못하지만 대략 60여 개의 천체가 나를 숭상하여 내 주변을 돌고 있다. 그중에서도 네 개의 위성은 좀 특별하지. 갈릴레이가 발견하여 갈릴레이 위성이라고도 부르는데, 지구 중심적 사고방식에서 벗어나게 하는

데 결정적인 역할을 했다지 아마. 그 네 개의 위성들이란 다름 아닌 '이오', '유로파', '칼리스토', '가니메데'를 말한다. 이오, 유로파, 칼리스토는 다 나와 한때 사랑에 빠졌던 여인들이었다. 흠, 여전히 내 위성이 되어 나를 따르겠다는 건지 뭔지.

뭐 여하튼 그렇다는 것이다. 그대들의 상상력이 한 일이지 내가 한 일은 아니다. 그대들이 이름 지어 준 그 모습 그대로 태양계의 제일 큰 가스 행성으로, 수많은 위성을 거느리고 돌고 있는 것이 나의 자리, 목성의 권좌이다.

## 토성을 위한 자리

토성

마음이 편치 않구려. 자식에게 쫓겨난 애비가 바로 나라오. 물론 내가 포악스럽기는 했지. 그것을 부정할 생각은 없다오. 어쩌면 우리 가족사의 비극일지도 모르겠다는 생각이 이제사 드는구려. 나 역시 자식을 학대하던 아버지 우라노스를 몰아내고 신들의 왕이 되었으니 말이오. 또 내 자식은 나를 몰아내고 신들의 왕이 되고. 인생사가 다 인과응보인 모양이오, 허허.

이제 내 이름을 알려 드리리다. '새턴Saturn'이 내 이름이지요. '크로노스'로 더 잘 알려져 있을지도 모르겠소. 그래요, 내가 바로 시간의 신 크로노스라오. 내 로마식 이름이 새턴이지. '토성' 이라는 뜻을 갖는다오. 나는 우라노스와 가이아 사이에서 태어났고, 내 아버지를 몰아냈고, 결국 나도 내 아들 제우스, 그래요 주피터에게 쫓겨났지요.

우습지요, 허망하기도 하고. 이 태양계에서 내 자리를 봐요. 목성이 내 앞에서 돌고 있고, 나는 그 뒤로 밀려나 있지요. 아들에게 밀린 거지요. 하긴, 내가 몰아낸 아버지 우라노스는 또 내 뒤로 밀려나 있지요. 천왕성 말입니다. 그가 내 아버지였지요. 아들은 아버지를 극복해야 하는 모양입디다. 아비는 아들에게 그 길을 내줘야 하고요.

어쨌든 나도 덩치가 큰 편이지요. 내 아들 목성 다음으로 말입니다. 목성처럼 가스 행성이고, 목성처럼 자전 속도가 빠르다오. 물론 아들보다는 느리지만 말이오. 그리고 내 아들 목성처럼 많은 위성도 거느리고 있지요. 한 50개는 넘을 거요. 내 위성들의 이름을 아시오? 당신이 그 이름을 안다면 글쎄, 인생무상이라고 생각할지도 모르겠구려. 토성인 나의 위성들은 '히페리온', '레아', 그리고 '타이탄'. 다 내 아들이 몰아내기 전의 티탄족 신들의 이름이라오. 목성, 그래요 그 주피터에게 아비인 내가 쫓겨날 때 같은 티탄족 신들도 다 쫓겨났지요. 지금은 그들이 내 위성들이라오.

옛날 생각에 잠시 우울해졌던 모양이오. 내 이야기를 좀더 해 드리리다. 나를 처음 보는 사람도 나를 기억하기는 아주 쉽다오.

그래요, 내가 갖고 있는 거대한 고리 때문이지요. 내 몸 주변에는 얼음 등으로 이루어진 고리가 있어요. 토성의 고리, 하면 다들 알아보지요. 눈만 밝으면 지구에서도 맨눈으로 볼 수 있다오.

몸은 가벼운 편이지요. 아니, 태양계에서 제일 가볍다고 해야겠구려. 나는 덩치는 크지만 가벼운 가스로 이루어져 있어서, 만일 물에 담근다면 둥둥 뜰 거라고 하더군요. 난 수영을 못하니 다행이지 뭐요. 어쩌면 내 고리가 튜브 역할을 할지도 모르겠구려. 허허, 농담이오, 농담. 좀 썰렁해서 그렇지, 유머가 없으면 세상을 살기가 힘들다오. 내 자리에 대한 이야기는 이 정도만 하도록 합시다.

## 천왕성을 위한 자리

나는 태양계의 일곱 번째 행성. '허셜의 별'이라고도 합니다. 허셜이라는 과학자가 자신이 만든 망원경으로 나를 발견했다고 해서 붙여진 예명입니다.(가끔 채팅할 때 아이디로 쓰기도 합니다. '허셜의 별', 뭔가 있어 보여서 말입니다.)

허셜 Friedrich William Herschel 천문학자. 천체를 체계적으로 관측하는 항성恒星 천문학의 기초를 세웠다. 그는 천왕성을 발견했고, 성운星雲들이 별로 이루어져 있다는 가설을 세웠으며, 항성진화론을 발전시켰다.

본명은 토성이 말했듯이 그래요, 전 '우라노스Uranus'라고 불리는 천왕성입니다. 제 위치가 제 이름을 결정한 겁니다. 목성 다음에 토성이 돌고 있고, 그 다음에 제가 돌고 있으니 사람들이 그리스 로마 신화적 사고방식으로 정한 거겠지요. 뭐, 딱히 유쾌

옆으로 누운 천왕성

한 삼 대는 아니지만 말입니다.

저는 옆으로 누워 있는 천체로도 유명합니다. 토성처럼 고리도 가지고 있는데, 토성을 90도(°)로 돌려놓은 모양새로 돌고 있답니다. 자전축이 98도(°)로 기울어져 있어서 그렇지요. 그렇다 보니 남극이나 북극 방향이 태양을 향한 채 돌게 되었습니다. 태양 주변을 공전하는 동안 반은 남극이, 반은 북극이 태양을 마주하게 되지요. 공전주기는 84년. 태양을 향한 쪽이 42년 동안은 남극, 또 나머지 42년 동안은 북극, 뭐 그렇게 된다는 소립니다. 그렇게 남극과 북극이 42년 동안 교대로 태양을 향하게 됩니다.

그러니 어떤 일이 일어나겠어요? 태양 쪽으로 돌고 있는 42년 동안의 여름, 그리고 42년 동안의 낮. 태양 바깥쪽을 향한 면은 42년 동안의 겨울, 42년 동안의 밤. 견딜 수 있겠어요?

오늘도 저는 옆으로 누워서 태양 주변을 돌고 있습니다. 한 자리에 84년은 있어야 낮과 밤, 여름과 겨울을 모두 만나는 그 자리에서.

## 해왕성을 위한 자리

나는 수학을 좋아해. 그 어려운 수학을 왜 좋아하냐고? 수학이 나를 찾아 주었거든. 천왕성이 조금씩 궤도를 벗어난다는 걸 알게 된 사람들은 천왕성 주변에 다른 행성이 있어서 그 중력 때문에 그런 일이 생기는 게 아닐까 하고 생각하게 되었어.

영국의 수학자 존 애덤스는 그 미지의 행성이 어디 있을지 열심히 계산을 했지. 프랑스의 과학자 르베리어도 마찬가지였고. 누가 처음 발견했는지 논쟁까지 벌어졌다지 아마. 르베리어는 독일의 갈레에게 자신이 계산한 곳에서 미지의 행성을 찾아봐 달라고 부탁했는데, 결국 애덤스와 르베리어가 계산한 그 위치에서 드디어 나, 해왕성을 찾아냈지. 그게 1846년의 일이야. 누구의 발견이든 간에 난 '수학'이 나의 존재를 알게 해 주었다고 생각해.

그렇게 알려진 내 모습은 바다 같은 푸른빛을 띠고 있었어. 그래서 사람들은 나에게 바다의 신의 이름을 따서 '넵튠Neptune'이라는 이름을 주었지. 해왕성의 '해'도 바다 '해海'자야.

아까 천왕성이 자기는 84년에 한 번 태양을 돈다고 하는데, 나는 무려 165년에 한 번 돌아. 갈레 씨가 1846년에 나를 처음 찾았다고 말했지? 그러니까 그로부터 165년이 지난 2011년이 되면 그제서야 내가 태양 주변을 한 번 돌았구나 하게 되는 거지.

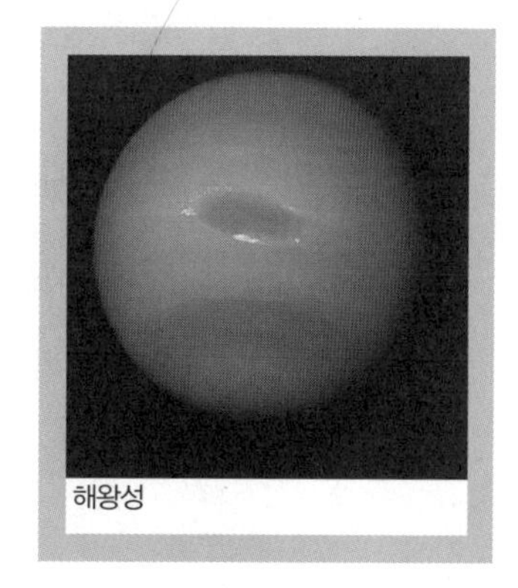
해왕성

다른 행성들과는 다른 나의 비밀 하나를 알려 줄게. 내 위성 중 하나인 트리톤 이야기야. 트리톤이라고는 들어 봤을 거야. 바다의 왕자야. 아니아니 '거성 박명수'의 노래 제목이 아니고, 포세이돈의 아들이라는 소리야. 그러니까 내 아들이라고 이런 이름을 지어 준 모양인데, 이 위성 트리톤의 공전 방향이 나랑 반대야. 왜 같은 방향으로 가는 건 순행이고, 반대로 거슬러 가는 건 역행이라고 하지? 이 트리톤이 역행 위성이야. 웃기는 놈이지. 왜 그런지 모르겠어.

뭐 어쨌든 나는 이제 태양계의 가장 바깥쪽을 도는 행성에 자리하고 있어. 명왕성이 태양계 행성 지위를 박탈당했거든. 그 이야기는 명왕성이 들려 줄 거야.

## 카이퍼 띠Kuiper belt를 위한 자리

(코러스) 카이퍼, 카이퍼, 카이퍼 벨트!

행성도 아니아니, 위성도 아니아니

우리는 얼음과 운석들이 모여 만든 커다란 원반

해왕성 바깥에서 태양 주위를 빙글빙글 다 함께 돌아요.

카이퍼, 카이퍼, 카이퍼 벨트!

우리는 카이퍼 띠랍니다. 우리 주위에 명왕성이 있다지만 우리를 부르지는 못하죠.

우리는 우리끼리 손뼉을 치면서 노래를 부른답니다. 랄라랄라 즐겁게 뱅뱅뱅!

## 134340을 위한 자리

안녕, 나는 '134340'이야. 이름이 특이하지? 내 인생도 그만큼 특이해. 남들은 기구한 운명이라고 할지도 모르겠다. 태양계를 돌고 있는 행성의 지위를 잃었거든. 뭐, 하지만 내가 원래 명예욕 같은 건 없어서 서운하지도 않고 섭섭하지도 않아. 원래 나는 남의 눈에 띄고 싶어 하지 않았는데, 사람들이 기어코 찾아내서 나를 태양계의 아홉 번째 행성이라는 지위를 준 거거든. 그래 놓고는 나를 명왕성이라고 부르더라. 무슨 뜻인 줄 알아? 서양식 이름을 들으면 감이 좀 올지도 모르겠다. 내 이름은 '플루토Pluto'야. 죽음의 신 '하데스Hades'의 로마식 이름인데, 내가 좀처럼 눈에 안 띈다고 이런 이름을 지은 모양이야.

내 위성도 있었어. '카론'이야. 그래, 죽은 사람들을 저승으로 보내는 배의 뱃사공 카론이 내 위성의 이름이었어. 죽음의 신의 위성이니까 어울리는 이름이기는 해.

한때 명왕성이었던 내가 134340이 된 것은 2006년도의 일이야. 사실 내가 지금 발랄한 척 말하고는 있지만, 그렇다고 완전히 그 상처가 치유된 건 아니야. 그래서 아직도 프라하에는 가고 싶지가 않더라. 왜 프라하냐고? 내 삶을 바꾼 이 사건이 프라하에서 열린 국제 천문 연맹 총회에서 벌어진 일이거든. 거기서 나를 '행성'에서 '왜소 행성'으로, '명왕성'에서 '134340'으로 바꾸어 놓았지. 뭐, 내가 작고 가벼운 별이기는 하지만.

명왕성이었던 '134340'

국제 천문 연맹 총회에는 나 같은 애들, 그러니까 왜소 행성이나 뭐 그런 애들의 번호를 매기는 '소행성 센터Minor Planet Center'라는 기관이 있어.(그래, 나는 이제 마이너리그에서 뛰고 있어.) 거기서 매겨진 내 번호가 이제 내 새로운 이름이야. 정식 이름은 '134340 플루토'.

그때, 그러니까 2006년 8월, 내가 왜소 행성으로 분류되어 버린 이유를 말해 줄게. 그날 거기 모인 사람들은 내 행성으로서의 위치에 대해 의문점을 제기했어. 그리고 '태양계 행성이란 무엇인가'에 대한 새로운 기준을 만들었지. 그게 뭐냐고?

첫째, 태양 주위를 돌아야 해. 태양계 행성이라면 당연히 태양 주위를 돌아야지. 뭐, 이 기준에는 나도 들어맞아. 나, 태양 주위, 돌고 있거든.

둘째, 타원형이 아니라 구형이어야 해. 만유인력의 법칙 알지? 별이 만들어질 때도 이게 작용해. 질량을 가진 입자는 주위 물질을 끌어들이거든. 그래서 표면의 모든 지점이 그 별의 중심을 향해 똑같이 당겨지면 동그란 모양이 되는 거야. 그러니까 행성이 되려면 충분한 질량이 있어서 그 중력으로 동그란 형태를 유지해야 한다는 거지. 나? 아까도 말했지만 내가 몸집은 작지만 구형이야. 이 두 가지 기준만 있다면 나는 여전히 '행성'이지. 그런데 문제는 마지막 조건이야.

셋째, 자기 해당 구역에서 힘이 세야 해. 그러니까 보스가 되려면 자기 구역 정도는 평정해야 한다는 거지. 보스라고 생각했는데 자기 구역의 자잘한 애들도 통제 못하면 그게 어디 보스겠어? 그러니까 마지막 기준은 적어도 행성이라면 자기 주변 궤도의 다른 천체들을 끌어들일 만큼의 중력이 있어야 한다는 소리야. 내가 바로 이 기준에 미달이었던 거지.

아까 카이퍼 띠의 코러스 들었지? 내 궤도 가까이에 있는 애들이 바로 얼음과 운석들이 한데 모여 있는 카이퍼 띠거든. 그런데 내가 중력이 강하다면 이 카이퍼 띠를 이루는 애들을 끌어들일 수 있어야 하는데, 내 중력이 그만큼 충분하지는 못하다는 거야. 사실 나는 내 위성인 카론도 잘 통제가 안 돼. 하긴, 내가 왜소 행성이 되면서 카론도 이제는 '134340 1'이 되었어. 소행성 134340번의 1번이란 의미인가 봐.

이상이 내가 플루토에서 134340이 된 사연, 행성에서 왜소 행성이 된 사연이야. 시간이 흐르면 또 새로운 발견이 있을 거고, 그때 또 누군가는 새로 들어오고 누군가는 나갈지도 모르겠어. 그게 우리의 삶이야. 어쨌든 지금 나는 134340이 되어서 태양 주위를 돌고 있어.

## 오르트 구름을 위한 자리

(코러스) 태양계 가장 바깥쪽에서 우리는 돌고 있네.

먼지와 얼음의 거대한 집합이라고 오르트 씨가 말했네.

그래서 우리의 이름은 그의 이름을 따라 오르트 구름.

우리의 속도가 빨라지면 태양계 밖으로 나가고

우리의 속도가 느려지면 태양계 안으로 들어오지.

태양 가까이 들어서면 태양의 빛과 열로 먼지와 얼음의 혜성이 된다네.

카이퍼 띠가 짧은 주기의 혜성을 만들 때

우리는 긴 주기의 혜성을 만들지.

우리를 기억해다오. 혜성의 근원, 오르트 구름을.

오르트 구름의 코러스를 끝으로 〈모든 것을 위한 자리〉의 모든 조명이 꺼졌다. 태양계 행성들이 들려주는 여덟 가지 또는 아홉 가지 이야기가 소행성대, 카이퍼 띠, 오르트 구름이라는 합창단의 코러스에 섞여 이야기 하나가 끝날 때마다 조명이 꺼지더니, 드디어 모든 조명이 꺼진 것이다. 이제 다 끝난 건가. 돌아가려면 어떻게 하지? 이제 태울 초대권도 없는데 하고 걱정하며 일어서려는데, 무대가 서서히 밝아지기 시작했다. 그리고 모두가 나와서 하나의 시를 낭송하기 시작했다. 프란시스 W. 부르디옹이라는 사람의 시였다.

The night has a thousand eyes

The night has a thousand eyes,

The day but one;

Yet the light of the bright world dies

With the dying sun…….

음…… 영어다…… 해독이…… 불가능하다…… 고…… 포기할까…… 하다가…… 다시…… 들으니…… 그리…… 어려운…… 단어는…… 아닌데…… 하는데, 다행히 우리말로도 읊어 주기 시작했다.

밤은 천 개의 눈이 있지만

낮은 눈이 하나밖에 없다.

그렇지만 태양이 사라지면

밝은 세상의 빛도 사라지고 만다…….

시 낭송이 끝나갈 무렵 낮의 눈이 밤의 천 개의 눈에 둘러싸여 떠오르기 시작했다. 태양이다.

너무 밝은 빛에 눈이 부셔 눈을 감고 말았다. 다시 눈을 떴을 때, 나는 〈모든 것을 위한 자리〉에서 내 자리로 돌아와 있었다.

## 태양의 일생

그렇지만 태양이 사라지면 밝은 세상의 빛도 사라지고 만다…….

시의 여운을 안고 태양이 뜬 하늘을 본다. 저 태양이 사라지는 날이 과연 올까.

응, 그런 날이 올 거야.

언제 나타났는지 곰이 와 있다. 태평스레 태양을 보며 태연한 태도로 응, 그런 날이 올 거야, 라니.

태양이 별이라는 건 이제 알지?

응, 우주에 떠 있는 건 다 별인 줄 알았는데 태양처럼 스스로 빛을 내는 천체만이 '스타star'의 자격이 있다는 거.

모든 별은 생명처럼 태어나서 자라지. 다 자라면 죽어. 태양도 마찬가지지.

어떻게, 어떻게 그런 일이 일어나는데?

예전에 별처럼 빛나고 싶어 한 소년 하나를 만난 적이 있었는데 그때의 이야기로 대신하지.

과학 오디세이 13 Odyssey

**〈거성이 되고 싶어 한 소년 명수〉**

소년 명수가 있었다. 그는 아직 초라하고 인생은 비루했다. 소년 명수는 스타가 되고 싶었다. 그때 소년 명수 앞에 나타난 것이 바로 곰이었다. 소년 명수는 곰에게 스타가 되고 싶다고 말했다. 혹시 당신이 나에게 '스타 탄생'의 길을 열어 줄 수 있느냐고 물었다. 곰은 소년 명수에게 스타 탄생의 길을 알려 주었다.

"곰 사부, 나는 스타가 되고 싶어요. 2인자를 벗어나 1인자로 빛나고 싶다고요."

"빛나기 위해서는 뜨거워야 한다. 저기 모닥불이 보이느냐? 이렇게 멀리서도 빛나고 있지. 그게 다 뜨겁기 때문이란다."

"뜨겁다는 게 열정을 말씀하시는 거라면 전 충분히 뜨겁습니다. 제가 새파랗게 어린 나이라고 무시하지 마십시오."

"아니다. 새파랗다는 건 곧 뜨겁다는 소리다."

"무슨 말씀이신지?"

"스타는 말이다, 뜨거울수록 푸른색을 띤다. 새파랗게 어린 자네는 그래서 뜨거운 거야."

"그럼 전 스타가 되는 겁니까?"

"성급하기는. 넌 중국 무협 소설도 안 읽었단 말이냐. 기초를 닦는 데만도 3년 이상이 걸리지 않더냐. 잘 들어라. 너는 깨알 같은 재능이 있다. 하지만 아직 중심으로 모이지 못하고 흩어져 있지. 그 깨알같이 흩어진 재능들을 네 중심으로 끌어와야 하느니라. 그렇게 깨알 같은 재능들을 단단히 네 것으로 하면 그것이 곧 스타의 시작이니라. 아기 스타인 거지. 그렇게 네 안으로 뭉쳐진 재능들은 이제 스스로 네 안에서 융합하여 열과 빛을 내기 시작할 게다. 그렇게 네 안의 연료들을 끊임없이 스스로 태우면 너는 빛이 날 것이고, 그때 사람들은 너를 스타라고 부를 것이다."

소년 명수는 곰의 말을 가슴 깊이 새겨들었다. 그리고 소년 명수 주위에 흩어져 있는 깨알 같은 재능들을 강력한 중력으로 빨아들이기 시작했다. 몇 번을 포기할까도 했다. 아무리 그러모아도 깨알은 깨알이었으니까. 사실 소년 명수보다 어린 소년 재석은 이미 스타가 되어 있지 않은가. 그 빛은 소년 명수에게도 뻗쳐 왔지만 소년 명수는 스스로 빛나고 싶었다. 재석별을 생각하면 나태해질 틈이 없었다.

열심히 깨알 같은 재능들을 끌어당기기 시작하고 한참의 시간이 흐른 후, 소년 명수는 자신의 중심에서 단단히 뭉쳐진 재능들을 발견했다. 한번 뭉쳐진 깨알 같은 재능들은

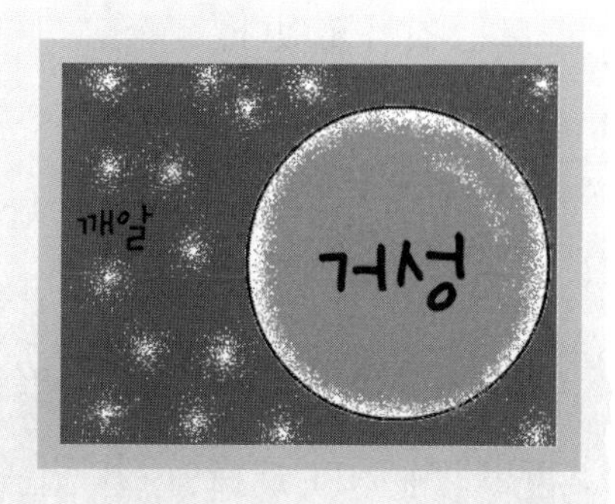


주변의 다른 재능들도 끌어들이기 시작했다. 그렇게 탄력 받은 소년 명수는 무럭무럭 커 나갔다. 그리고 어느 날, 자신의 중심에서 단단히 뭉쳐진 재능들이 이리저리 서로 붙고 떨어지고 하더니, 드디어 소년 명수의 중심에서 뜨겁게 타오르기 시작했다. 그리고 그 뜨거움은 과연 멀리서도 보이는 빛이 되었다. 드디어 소년 명수는 스타가 되었다.

"저는 거성이 되고 싶습니다."

스타의 반열에 오르고 난 뒤 얼마의 시간이 흘렀을까. 소년 명수, 아니 이제 스타 명수는 다시 곰을 찾았다. 그리고는 지금의 명수별도 좋지만 더 커지고 싶다고, 거성이 되고 싶다고 말했다. 곰은 거성이 되고 싶어 하는 소년 명수를 물끄러미 바라보았다. 소년 명수는 깨알 같은 재능을 끌어당겨 스스로 빛을 내는 스타의 자리에 올랐다. 그건 하루아침에 이루어진 일이 아니다. 그리고 아직 소년 명수는 자기 안에 모인 깨알 같은 재능들을 융합해서 스스로 빛을 내는 에너지로 쓰고 있다. 그러나 소년 명수가

모르는 것이 있었다.

“너는 나에게 거성이 되고 싶다고 하였다. 그러나 그건 이제 내가 할 수 있는 일이 아니다. 나는 단지 너에게 스타 탄생과 성장, 그리고 최고 정점 이후의 일에 대해서 알려 줄 수 있을 뿐이다. 너는 이미 스타가 되었다. 그건 다 네 안의 에너지 덕분이지. 그런데 네가 더 큰 별이 된다면 무슨 일이 일어날지 생각해 보았느냐? 대스타가 될수록 스타의 생명은 짧아지는 법, 어찌 그걸 모른단 말이냐? 대스타가 되려면 빛나기 위해 자기 안의 에너지를 더 많이 써야 하는 법이고, 깨알 같은 재능들을 더 많이 불태워야 한다. 물론 그렇게 하면 네가 원하는 거성이 되어 있을 것이다.

그래, 그렇게 거성이 되고 나면 어떻게 될까? 우리들은 ‘적색 거성’ 단계라고도 말하지. 네가 처음에 스타가 되고 싶다고 했을 때는 새파란 것이 열정으로 뜨거웠지만, 처음의 그 열정은 점점 식어 가기 마련이다. 그렇게 하얗게, 노랗게 열정의 온도가 낮아진다. 그러다가 적색 거성이 되는 것이다. 촛불의 제일 뜨거운 부분은 푸른색이고, 붉은색 부분은 오히려 뜨겁지 않다는 사실을 안다면 내 말을 이해할 수 있을 것이다.

자, 말해 보거라. 네가 네 안의 깨알 같은 재능이라는 연료들을 다 쓰고 나면 어떻게 될 것 같으냐?”

소년 명수는 말을 하지 않았다. 그렇지 않아도 스스로 지쳐 가고 있었다. 자원이 고갈되듯이 소년 명수의 중심에서, 그 핵에서 에너지로 써 왔던 깨알 같은 재능들이 줄고 있다는 것을 어렴풋이 느끼기는 했다. 그럴 때마다 다시 주변에서 연료로 쓸 깨알 같은 재능들을 모아 왔지만 이제 그것도 한계에 다다른 것이다.

곰은 말없는 명수를 가만히 응시하더니 말을 이었다.

"네 몸집으로 그렇게 될 것 같지는 않지만, 네가 거성도 아닌 초거성이 되면, 물론 너는 지금보다 더 대스타가 되어 붉은빛을 내뿜을 것이다. 하지만 분명히 네가 네 안의 모든 것을 다 불태워 마지막 빛을 내는 시기 또한 올 것이다. 너의 마지막 모든 에너지를 내보내는 순간 너라는 별은 지금보다 수억 배나 환하게 빛날 것이다. 너무 밝게 빛나기 때문에 뭇사람들은 갑자기 등장한 엄청나게 빛나는 스타라고 생각할지도 모른다. 그래서 '초신성超新星'의 등장이라고도 부르겠지. 그러나 그게 끝이다. 너는 스타로서 죽음을 맞이하게 된다. 더는 더 이상 스스로 빛날 수 없게 되겠지. 전문 용어로는 '장렬한 전사'라고도 한다."

소년 명수는 한참을 생각했다. 거성의 길로 들어설 것인가 말 것인가. 꿈을 포기할 수는 없었다. 스타가 되기 위해 노력해 왔고, 스타가 되었다. 대스타가 되어 그 다음 단계가 '장렬한 전사'라고 해도 도전할 만한 가치는 있다고 생각했다. 어차피 인생은 무한한 도전으로 이루어져 있지 않은가. '무한 도전'이 없다면 그건 살아도 사는 게 아니다. 두렵다. 하지만 여기에서 멈출 수는 없다.

"거성이 되겠습니다."

소년 명수는 곰에게 확고한 의지를 갖고 말했다. 곰은 그럴 줄 알았다는 듯이 소년 명수를 내려다보았다. 거기에는 격려도 비웃음도 없었다. 그저 그것이 순리라는 듯이, 모든 스타의 순리라는 듯이 고개만 눈에 보이지 않을 정도로 작게 끄덕거렸다.

"초신성이 되어 마지막 빛을 내고 사라진 스타들의 뒷이야기는 궁금하지 않은가? 그들 중 어떤 스타들은 마치 블랙홀처럼 살지. 평범하게 왜소한 생활을 하는 스타들도 있고. 그러다가 잊혀지기도 하고. 또 어떤 스타들은 이제 서서히 떠오르려는 어린 스타들에게 그들이 끌어모을 수 있는 깨알 같은 재능을 제공하기도 하고. 그 모든 순리 안에 너도 있는 것이겠지. 도움이 될지는 모르겠지만 너에게 이 공책을 넘겨주마."

곰은 소년 명수에게 〈일요일의 기록〉이라는 작은 공책을 주었다. 소년 명수는 그 공책을 가슴에 품으며 다짐했다. '어쨌든 나는 거성이 될 것이다. 그것이 나의 길이다.'

소년 명수는 가만히 〈거성 쇼〉를 준비하기 시작했다.

당신, 소년 명수 매니저였던 거야?

아니, 난 그저 스타의 탄생과 성장, 죽음에 대한 이야기를 해 주었을 뿐이야. 소년 명수가 원했던 건 연예계에서의 '스타'였고, 내가 들려준 건 천문학에서의 '별'이었을 따름이지.

별의 탄생과 성장, 죽음이 어떤데?

방금 다 말해 줬잖아. 하나를 들으면 열을 아는 건 바라지도 않아. 그냥 하나를 들으면 반이라도 좀 알면 안 될까? 자, 잘 들어. 재방송은 없으니까. 우주에는 가스와 먼지들이 많아. 이런 가스와 먼지들이 많이 모여 있는 곳을 성운이라고 해. 이 성운의 먼지와 가스들이 중력에 의해 서로 끌어당기면서 하나로 뭉쳐지지.

소년 명수 식으로 말하면 자신의 깨알 같은 재능을 그러모으라는 거구나.

됐고! 중력으로 인해 뭉쳐진 질량이 커지고, 그 중심의 온도가 1억 도(℃) 이상이 되면 수소들이 결합해서 헬륨을 만들어 내. 핵융합이라고도 하지. 핵융합 반응으로 생긴 에너지로 뜨거워지고 빛을 내게 되면 그게 바로 스스로 빛을 내는 항성, '별'이 되는 거야.

소년 명수가 되고 싶어 한 그 별이구나.

됐고! 별은 자신의 수소 연료로 빛과 열을 내면서 성장해. 그런데 큰 별이라면 당연히 연료 소비가 더 많겠지? 수소와 헬륨을 연료로 계속 빛과 열을 내다 보면 적색 거성이 되는 거야. 붉은색의 큰 별.

소년 명수가 되고 싶어 한 바로 그 거성이구나.

됐고! 태양보다 10배 정도 더 큰 별들은 초거성이 되지. 그러다가 연료가 되는 수소와 헬륨을 다 사용하고 나면 대폭발을 일으켜. 대폭발이 일어날 때 생기는 에너지 때문에 그 별은 죽기 전에 평소보다 훨씬 밝아지게 되는 거야. 지구에서 보면 어느 날 갑자기 아주 밝은 별이 생긴 것처럼 보이겠지. 그래서 사람들은 그런 별을 '초신성'이라고 부르는 거야. 그렇게 초신성이 되어 사라지고 나면 어떤 별은 블랙홀이 되기도 하고, 어떤 별은 자신의 잔해를 다른 별의 원료로 내놓기도 하고.

그걸 알면서도 소년 명수는 〈거성 쇼〉를 준비하고 있구나.

됐고! 이게 바로 별의 일생이야. 태양의 일생이기도 하고.

그게 아까 말한 태양이 사라지는 날이 온다는 이야기?

응, '태양이 사라지면 밝은 세상의 빛도 사라지고 만다.'

그게 언제야? 아직도 태양은 저렇게 붉게 타오르는데.

한 50억 년쯤 후에. 게다가 아직은 붉게 타오르지도 않았고. 태양은 지금 노란 왜성이거든. 태양계에서야 태양이 제일 커서 태양계 전체 질량의 99퍼센트(%)를 차지하지만, 다른 항성들과 비교하면 그리 큰 편은 아니야. 여하튼 우리 지구는 운 좋게 이 태양과 너무 가깝지도 않고 멀지도 않은 거리를 유지하고 있어서 딱 살기 적당한 곳이 되었지.

하지만 태양이 한 50억 년 후에는 현재의 크기보다 수백만 배나 커져서 '적색 거성'이 될 거야. 그러면 가장 가까운 수성과 금성을 집어삼킬 것이고, 지구도 무사하긴 힘들겠지. 흐물흐물 녹아 버릴지도 몰라. 태양과 더 가까워지니까 말이지.

붉은색의 큰 별, 적색 거성으로 지내면서 수소와 헬륨을 다 써 버리고 나면 서서히 크기는 줄고 흰빛을 내는 별이 돼. 이게 '백색 왜성' 단계야. 그러다가 점차 식어 가면서 빛을 잃게 되겠지.

그게 태양의 일생이구나. 그런데, 소년 명수에게 준 〈일요일의 기록〉은 무슨 공책이야?

그거? 태양의 일기야. 읽어 봐.

소년 명수에게 준 거 아니었어?

그건 사본이고. 아마 이것도 원본은 아닐 거야. 원본은 태양이 갖고 있겠지.

곰은 나에게 빛바랜 일기장 한 권을 주었다.

## 일요일의 기록

**XXXX년 X월 X일, Sun**

나는 태양이다. 나는 나에 대한 기록을 남기기로 했다. 이것은 내 비밀 일기인 셈이다. 어느덧 나는 내가 살아온 나날들과 살아갈 나날들의 중간쯤에 도착했다. 46억 년을 살아왔고, 앞으로 50억 년 정도를 더 살아갈 것이다. 먼 훗날, 나에 대한 기억이 누구에게 남아 있을까. 어쩌면 내가 사라지면 나를 중심으로 하는 태양계 전체에 혼란이 생길지도 모를 일이다. 그러나 아직은 먼 미래의 일. 그때까지 나는 나의 기록을 해 나갈 것이다.

**XXXX년 X월 X일, Sun**

거울을 보니 얼굴이 말이 아니다. 아직 검버섯 필 나이는 아닌데 얼굴에 검은 점들이 생겼다. 나를 관측하는 사람들은 나의 이 검은 점들을 보고 흑점이라고 한다. 내 표면 온도가 6천 도(℃)나 되는데 부분부분 4천 도(℃) 정도로 온도가 낮은 곳들이 있다. 상대적으로 온도가 낮아서 검게 보인다고 한다. 그렇다고는 해도 내 매끈한 얼굴에 흑점이라니. 좀더 미용에 신경 써야 하는 걸까. 하지만 툴툴댈 일도 아니다. 적어도 나는 달처럼 곰보는 아니니까 말이다. 사람은, 아니 태양은 주어진 것에 만족할 줄도 알아야 하는 법!

**XXXX년 X월 X일, Sun**

음, 다이어트를 해야 하는 게 아닐까 고민이다. 어제 잠깐 내 주위를 도는 지구를 봤는데 자그마한 게 귀엽지 뭐야. 나는 지구 지름의 109배나 되는데. 그뿐이야? 태양계 전체 질량의 99퍼센트(%)를 다 내가 차지하잖아.

**XXXX년 X월 X일, Sun**

어제 〈별별 모임〉에 다녀왔다. 〈별별 모임〉에 참가할 수 있는 자격은 간단하다. 별이면 된다. 나? 나야, 당연히 별이지. 스스로 빛을 내니까. 그런데 모임에 가 보니까 정말 별별 별이 다 있었다. 거기 가 보니 다이어트를 고민한 내가 우스워졌다. 별들의 모임에 가 보니 웬걸, 나는 작은 편이었다. 시리우스, 알데바라, 안타레스, 베가, 베텔게우스, 카펠라 등등은 다 나보다 큰 별들이었다. 나는 그들에 비하면 왜소하다. 그래서 사람들이 나를 노란 왜성이라고 부르나 보다. 모임에서 알게 된 건데, 별의 온도가 5천~6천 도(℃) 정도면 노란빛을 띤다고 한다. 나는 그래서 노란빛을 띤다. 그리고 작다. 하여 노란 왜성이다.

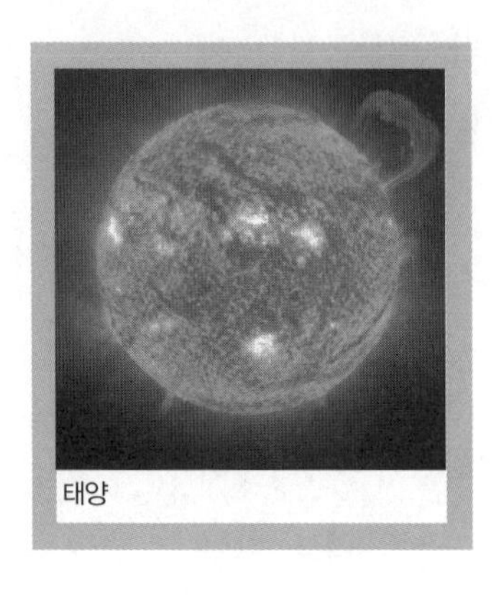
태양

**XXXX년 X월 X일, Sun**

지구에서 태양까지 도보로 오려면 음, 한 4,000년은 걸릴 거다. 물론 걸어서 올 수 있다면 말이지만.

**XXXX년 X월 X일, Sun**

오늘은 별로 쓸 말이 없다.

**XXXX년 X월 X일, Sun**

나는 나에게 자부심을 갖기로 했다. 나는 스스로 빛을 내니까. 내 주위의 행성들은 내 빛을 반사해서 빛을 낼 수 있으니까. 나는 그들에게 빛을 주고, 낮과 밤을 주고, 계절을 줄 수 있으니까. 내가 없어진다면 지구도 더 이상 돌 수 없을 테니까.

사실 내 중력은 지구의 20만 배는 될 거다. 이쯤이면 내 가까이 있는 것들은 내가 다 내 안으로 끌어당기기 마련이다. 그러나 지구 같은 애들은 용케도 내 중력에 이끌리면서도 완전히 빨려 들어가지 않기 위해 열심히 바깥으로 나가려는 원심력을 행사 중이다. 그래서 이놈들이 지금도 열심히 내 주변을 타원형으로 궤도를 그리면서 돌고 있는 거다.

그런데 내가 사라지면? 내 중력이 갑자기 사라지고 나면 지구는 돌고 있던 속력으로 직선으로 쭉 날아가겠지? 내가 더 커다란 별이었다면? 지금이야 나와 지구의 거리가 너무 가깝지도 않고 멀지도 않아서 지구가 쾌적한 환경을 유지하지만, 내가 더 커진다면? 그럼 뭐, 내 불꽃에 다 타 버리거나 녹아 버리겠지. 그러니까 균형이 중요한 거야, 균형.

**XXXX년 X월 X일, Sun**

사람들은 근육과 지방과 뼈, 그리고 피로 이루어져 있지만, 나는 90퍼센트(%) 정도의 수소와 9퍼센트(%) 정도의 헬륨으로 이루어져 있다. 나머지 1퍼센트(%)는 나트륨이나 마그네슘, 기타 등등.

**XXXX년 X월 X일, Sun**

내 안은 뜨겁다. 표면은 6천 도(℃)에 불과하지만 내 중심핵의 온도는 1,500만 도(℃)나 된다. 나는 늘 여름이다. 나는 왜 뜨겁게 불타는 걸까?

**XXXX년 X월 X일, Sun**

오늘 학교에서 핵융합이라는 걸 배웠다. 그리고 그게 내 중심핵이 뜨거운 열을 만들어 내는 이유라는 것을 알게 되었다. 내가 뜨겁게 불타는 이유가 핵융합에 있었다니! 아주 높은 온도에서는 수소의 원자핵이 융합하여 헬륨의 원자핵을 만드는데, 이때 나오는 에너지가 엄청나다고 한다. 그 에너지로 나는 뜨겁게 불타고 있는 것이다.

P.S. 아, 지구에서는 이 핵융합을 이용하여 수소 폭탄을 만들었다고도 한다. 수소의 원자핵들이 융합해서 헬륨의 원자핵을 만들 때 생기는 폭발적인 에너지를 가지고 폭탄을 만들다니. 폭탄은 스스로 빛을 내지도 못하고 사람을, 자연을, 문명을 파괴할 뿐인데, 빛을 앗아갈 뿐인데…….

**XXXX년 X월 X일, Sun**

어젯밤에 갑자기 환하게 빛나는 별이 보였다. 새로운 별이 탄생한 모양이다. 초신성이라고 했다. 저렇게 환하게 빛을 내다니, 아름다웠다. 탄생은 찬란하다.

**XXXX년 X월 X일, Sun**

슬픈 소식을 들었다. 어젯밤에 내가 본 새로운 별은 새로운 별이 아니었다. 오늘 〈별별 모임〉에서 연락이 왔다. 그동안 적색 거성으로 있던 별 하나가, 나보다 10배 정도는 더 컸던 별 하나가 핵융합에 썼던 수소와 헬륨을 다 써 버리면서 마지막으로 대폭발을 일으켰다고 한다. 그래서 평소보다 밝은 빛을 내면서 사라졌다고 한다. 죽음이었다. 하지만 아름다웠다. 별은 죽음도 찬란하다.

**XXXX년 X월 X일, Sun**

며칠 잠을 설쳤다. 내가 비록 지금은 왜소하지만 언젠가 거성이 되면, 그래서 생을 마치게 된다면? 아, 나는 아직 준비가 되어 있지 않다. 〈별별 모임〉에서는 별별 걱정을 다한다고 나를 달래 주었다. 그 별들 말로는 나는 아직 한참 더 타오를 수 있다고 한다. 나도 알고 있다. 한 50억 년쯤은 끄떡없다는 것을. 그래도 걱정을 완전히 지울 수는 없다. 내가 수소와 헬륨을 다 써 버리면 나는 더 이상 빛을 낼 수 없게 되겠지.

**XXXX년 X월 X일, Sun**

내가 거성이 되면 나보다 더 큰일인 것은 내 행성들이겠다는 생각이 든다. 내가 커져서 내 빛과 열에 그들이 더 가까워지면……. 역시 균형이 우주를 돌아가게 하는 걸까. 아, 나는 지금 우주적인 고민 중이다.

**XXXX년 X월 X일, Sun**

시간이 지나면 슬픔도 가라앉고 추억이 된다.

**XXXX년 X월 X일, Sun**

나는 일요일에만 일기를 쓴다. 일요일을 'Sunday'라고 하는데

'Sun'은 바로 나니까. 그리고 Sunday라면 나의 날이니까. 그래서 나는 태양의 하루인 일요일에 내 일기를 쓴다. 조금 낭만적이라는 생각이 든다.

**XXXX년 X월 X일, Sun**

시험공부를 하다가 한 가지 의문에 빠졌다. 일전에 배운 핵융합을 공부하는데 갑자기 의문점이 생긴 거다. 핵융합이 한꺼번에 왕창 일어나서 한번에 다 타버리면 어쩌지? 더 이상 공부도 되지 않는다. 잠도 오지 않는다. 후덜덜덜.

**XXXX년 X월 X일, Sun**

시험을 망쳤다. 빌어먹을 핵융합!

**XXXX년 X월 X일, Sun**

모르는 게 약인 걸까, 아는 게 병인 걸까. 어쩌면 어설프게 아는 게 병일지도 모르겠다.

**XXXX년 X월 X일, Sun**

…….

**XXXX년 X월 X일, Sun**

자동 온도 조절 기능이 나를 살렸다! 나와 같은 별에게는 자동 온도 조절 기능 같은 게 있다고 한다. 그러니까 이런 거다. 풍선에다 헬륨 가스를 넣고 있다고 해 보자. 그러면 풍선이 부풀 거다. 헬륨 가스를 계속 넣으면 풍선은 빵 터질 텐데, 이쯤에서 헬륨 가스를 빼면 풍선은 부풀었다가 다시 줄어들겠지? 헤헤, 내게 이런 조절 장치가 있다 이 말씀!

상담실 선생님이 그랬다. 우리 별에게는 그렇게 뜨거움을 조절하는 기능 같은 게 있다고. 그러니까 한번에 빵 터질까 봐 걱정하지 말라고 말이다. 별이 과열되면 팽창하고, 별이 팽창하면 별의 중심에서 에너지가 밖으로 빠져나가니까 중심의 압력이 떨어지게 된다. 그러면 팽창되었던 별이 다시 수축되어, 원래의 평형 상태를 이루게 된다고 한다. 히히. 별이 수축하면 중심으로 뭉치니까 중심 온도가 다시 높아져서 핵융합을 촉진하고 다시 열을 방출한다. 방출된 열은 별을 다시 팽창시킨다. 뭐 그렇게 반복하면서 균형을 유지하고 있는 거다.

**XXXX년 X월 X일, Sun**

소년 명수의 〈거성 쇼〉를 보게 되었다. 지구 소년 명수는 스타가 되고 싶었고, 스타가 되었다. 그리고는 거기에 만족하지 않고 거성이 되기로 했다고 한다. 그때 곰이 나타나 거성에 대한 적색 경보를 들려주었다. 적색 거성이 되면, 네 깨알 같은 재능을 다 소진하고 나면 너는 빵 터질 거라고. 그 말을 듣고도 지구 소년 명수는 거성이 되기로 했고, 지금 〈거성 쇼〉를 진행 중이다. (아직 진행은 좀 미숙해 보인다.)

음……. 남의 일 같지 않다. 나는 지금 노란 왜성이지만 언젠가 적색 거성이 될 것이고, 그 다음에는 대폭발로 신성이 되겠지. 그렇게 줄어들어 백색 왜성이 되고, 그렇게 시간이 지나면 생을 마감하겠지. 그때까지는 나도 균형을 잡아 우주, 아니 태양계의 평형을 유지하면서 열심히 타올라야겠다.

**XXXX년 X월 X일, Sun**

내 운명을 짐작하지만 그렇다고 내 삶이 바뀌는 건 아니다. 지구인도 언젠가 삶이 끝날 것을 알면서도 저마다 작은 일도 소중히 여기며 살고 있잖아. 나도 그렇다.

요즘 내가 하는 일은 다시 흑점을 세는 거다. 흑점을 세다가 지겨우면 홍염을 더 크게 일으키기도 한다. 내 표면에서 불기둥처럼 솟는 게 홍염이다. 개기 일식 때 내 바깥쪽 대기에 진줏빛으로 빛나는 코로나를 보여 주는 코로나 놀이도 한다. 아, 오로라 놀이도 자주 한다. 말하자면 이런 것이다. 내가 양성자나 전자 같은 입자들을 태양풍으로 훅 내보낸다. 이 입자들 중 지구까지 간 것들은 지구의 자기장에 끌려서 지구의 공기와 만난다. 그러면 빛을 내는데, 이게 오로라다. 대충 이렇게 소일하면서도 열심히 핵융합 중이시다.

**XXXX년 X월 X일, Sun**

나는 평형을 잃지 않으려고 노력한다. 아, 나 노력파인가 봐.

**XXXX년 X월 X일, Sun**

나는 지금 태양계의 중심이지만, 이 모든 것들은 우주에 있다.

**XXXX년 X월 X일, Sun**

이 일기장을 〈일요일의 기록〉이라고 부르기로 했다.

**XXXX년 X월 X일, Sun**

일요일마다 나의 기록은 계속 될 것이다.

**XXXX년 X월 X일, Sun**

택배 기사가 도착했다. 핼리혜성 택배인데 택배계에서는 제법 잘 나가는 곳이다. 이 〈일요일의 기록〉을 지구로 보낼 예정이다. 나는 내 기억을 공유하고 싶다. 우주의 기억, 별의 기억, 태양의 기억을 말이다.(물론 사본을 보낼 거다. 원본은 내가 갖고 있어야지.)

P.S. 모든 길은 우주로 통한다.

지구로 보냈다는 태양의 일기 〈일요일의 기록〉은 여기까지다. 지금도 태양은 기록을 계속 하고 있겠지. 앞으로도 50억 년까지는, 적어도.

# 모든 길은 **우주**로 통한다

불이 켜졌다. 제 1회 〈우주 연극제〉의 개막 작품은 1분도 안 되어 끝나 버렸다. 굉장한 폭발음만 들리고 막이 열리더니 그것으로 끝! 객석에서도 다들 웅성거린다. 다들 이 연극 뭐냐 하는 표정이 역력하다. 같이 간 우리의 곰은 표정 변화 하나 없이 앉아 있다.

그런데 이상하다. 저 장면 어디에선가 본 듯하다. 이런, 이거 이거 13쪽에 나왔던 장면이잖아? 도대체 이게 무슨 일이지?

"별일 아냐. 아니지, 별 일이지. 별들에 대한 일이니까. 별들의 고향, 우주." 곰이 이렇게 읊조리고 있다.

옆을 보니 곰이 리모컨을 들고 있다. 텔레비전에서는 〈6시 별들의 고향〉이 방영되고 있었다. 한창 제 1회 〈우주 연극제〉 현장을 취재한 방송을 내보내고 있다. 그리고 거기에 얼뜨기같이 의아해하는 내 표정과 모든 것을 이해한다는 듯한 곰의 표정이 대비되어 나오고 있었다. 나, 방송 탄 거야? 저런 멍청한 얼굴로!

"연극의 시작을 보지 못하고 중간에 들어간 사람들은 뭐가 뭔지 모르는 법이지요. 우리는 우주의 시작을 보지 못했습니다. 그리고 어느 날 우리의 삶이 시작되었죠. 그러다가 문득, 궁금해지는 겁니다. 내가 못 본 연극의 시작이, 내가 못 본 우주의 시작이. 여러분은 방금 〈우주 연극제〉 개막 작품 〈우주가 열린다〉를 보셨습니다. 이제 그 궁금증이 조금은 풀리셨나요? 끝으로 폐막작품인 〈우주의 신호〉 하이라이트 장면을 보시면서 〈6시 별들의 고향〉 오늘 순서를 마치겠습니다."

아나운서의 멘트가 끝나자마자 〈우주의 신호〉 하이라이트 장면이 시작되었다. 아니, 시작해야 하는데 갑자기 텔레비전이 지지직거리면서 아무것도 나오지 않았다. 이럴 때는 전문가의 손길이 필요하다. 나는 전문가의 손길로 텔레비전을 쾅쾅 쳤다. 곰이 한소리 한다.

뭐 하는 거야? 가만히 좀 보자.

텔레비전이 나갔잖아. 방송 다 끝난 것처럼 지지직거리는 거 안 보여? 이럴 때는 전문가의 손길로 만져 줘야 하거든.

잘만 나오는데 전문가님 눈엔 저게 안 보여? 저 우주의 신호.

내 눈엔 지지직거리는 화면에 지지직거리는 잡음만 들리는데?

전문가님 눈에 보이는 대로 저 지지직거리는 잡음이 바로 〈우주의 신호〉라는 작품이거든. 137억 년 전의 빛이 지금 우리에게 돌아와 보내는 신호.

저게 뭐라고 하는 신호인데?

나는 137억 년 전의 빛이다, 나는 우주 배경 복사다, 나는 빅뱅의 근거다, 뭐 이렇게 말하고 있지. 이른바 우주적인 잡음.

…… 차라리 지지직거리는 소리가 더 낫겠어.

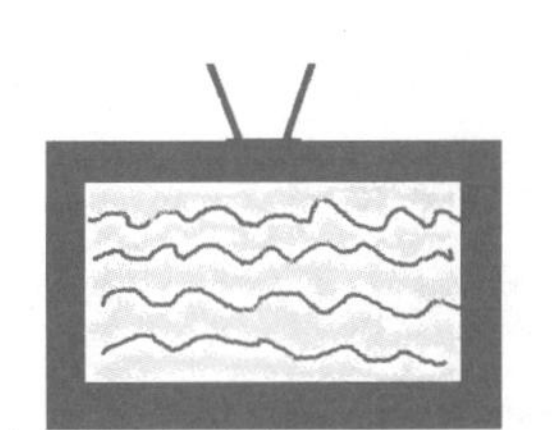

지지직 지지직, 치지지지직 치지지지직, 지이이잉 지이잉, 치지직 치지직…….

137억 년 전의 빛이자, 우주 배경 복사이자, 빅뱅의 근거라는 전파의 잡음이 계속 흘러나오는 이 순간, 저 전파가 우주의 기억을 담고 우리에게 다가오는 이 우주적인 밤.

그런데 도대체 왜 저게 우주적인 잡음인 거지? 그냥 잡음일 뿐이잖아!

# 우주적인 규모의 잡음

순간 잡음이 아득해진다. 그리고 누군가의 이야기가 꿈처럼 시작된다.

여기는 빠져나갈 곳이 없다. 온통 불투명한 세상이다. 그리고 아주 뜨겁다. 이 열기 속에서 그들은 늘 바쁘게 움직이고 있다. 과밀한 인구 밀도에 시달리는 그들은 늘 바쁘게 움직이기 때문에 서로 부딪히기 일쑤였다. 고온의 열기 속에서 그들은 부딪히고는 또 언제 그랬냐는 듯 바로 흩어졌다. 그들의 코드 네임은 '원자핵'과 '전자'였다. 그들은 그들의 이런 삶을 '플라즈마적 삶'이라고 불렀다. 그들에 의하면 '플라즈마적 삶'이란 벌거벗은 삶이었다. 서로 결합하지 못한 채 분리된 삶.

그러다가 이곳의 열기가 가라앉기 시작하자 그들도 차츰차츰

안정되기 시작했다. 안정을 찾자 이번에는 어지럽게 흩어져 있던 그들이 결합을 꿈꾸기 시작했다. 그들은 서로 만나기 시작했고, 그렇게 이곳에서 세력을 키워 나갔다고 한다.

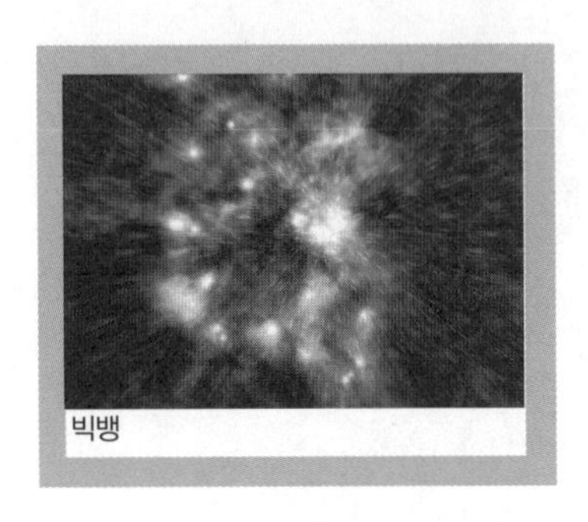
빅뱅

나는 그들을 편의상 'H' 또는 'He'라고도 부른다. H나 He들은 나에 비하면 구속 없이 자유롭게 이곳을 누비고들 있다. 하지만 나는 그들 중 일부인 전자에 갇혀 그다지 자유롭지 못하다. 밀실이라고 해야 하나. 나도 이제 그들의 방해를 받지 않고 자유롭게 움직이고 싶다. 이쯤에서 내가 누구인지도 말해야겠다. 내 이름은 우배복. 여기서는 'CBR' 로도 불린다.

이곳의 실세는 '빅뱅'이라는 자다. 그러나 그 누구도 이 자를 본 적이 없다. 빅뱅이라는 별명으로 보건대 성질이 불같거나, 몸집이 크거나, 뭐 그런 게 아닐까 짐작이나 하는 정도다. 그리고 그가 만든 이곳은 여전히 세를 넓혀 가는 중이라고 한다.

H는 언젠가 이런 말을 했었다. 저 빅뱅이라는 자가 이 공간을 있게 하고, 이 시간을 있게 한 자라고. 그것도 최초의 3분 안에 이 모든 것을 만들어 놓았다고. 나는 그가 무슨 말을 하는지 도무지 이해할 수가 없었다.

"이봐, 배복이. 아니, CBR. 여기가 어디라고 생각해? 자네에게 보이는 이곳은 어떤지 말해 보게나."

어려운 질문이다. 내가 있는 곳이 어딘지 나도 모른다. 이곳은 그저 어둡고, 그저 뿌옇고, 그저 끝이 안 보일 뿐이다.

"이봐, 배복이. 아니, CBR. 자네는 빅뱅이라는 자를 아나?"

나도 빅뱅에 대해 어렴풋이 짐작은 하고 있다. 이곳을 존재하게 했다는 그 자, 시간과 공간을 태어나게 했다는 그 자, 그러나 누구도 그의 실체를 보지 못한 채 짐작으로 기억한다는 그 자. 그러나 짐작만으로는 짐작되지 않는 그 자.

H가 말을 이어나갔다.

"이봐, 배복이. 아니, CBR. 빅뱅이 다녀간 이후 우리는 혼란스러웠네. 그래서 이곳도 불투명했지. 자네에게는 어쩌면 더 암울했을지도 모르겠네. 자네에게는 '플라즈마적 삶'이 자네를 빠져나가게 하지 못하는 감옥이었을 테니 말일세. 알지, 내 다 알지. 하지만 이제 우리의 플라즈마적 삶이 그 형태를 바꾸고 있네. 이제 우리는 자네를 놓아줄 수 있을 것 같네."

이 말을 하는 H의 눈시울은 뜨거워졌다.

"이봐, 배복이. 아니, CBR. 우리는 빅뱅의 소문만을 들었지. 우리 중 그 누구도 빅뱅을 만난 자는 없어. 그래서 다른 사람들은 빅뱅의 존재를 의심하기도 하네. 하지만, 하지만 말일세. 자네는 빅뱅의 존재를 입증하는 자가 될 걸세."

나는 H가 무슨 말을 하는 건지 도무지 이해할 수가 없었다. 그런 나를 애틋하게 바라보며 H는 다짐하듯 덧붙였다.

"이봐, 배복이. 아니, CBR. 자네는 곧 이곳을 나

우주 배경 복사宇宙背景輻射, cosmic background radiation 우주 공간의 모든 방향에서 같은 강도로 들어오는 전파로 가장 오래된 '태초의 빛'.

가게 될 걸세. 잊지 말게. 자네는 빅뱅의 기억일세. 자네의 정식 이름은 '우주 배경 복사Cosmic Background Radiation'일세."

## CBR, 탈출하다

그날 밤, 잠을 이룰 수 없었다. 책을 읽으려고 했지만 머릿속에 들어오지 않았다. 혼란스러웠다. 나는 그저 우배복이었을 뿐인데, 이제 와서 우주 배경 복사라니! 'Cosmic Background Radiation'이라는 이름을 가지고 있다니. 그리고 이곳을 나가 빅뱅을 입증하는 자가 된다니. 마치 지구의 운명을 짊어진 나약한 회사원이 된 느낌이다. 다시 얼핏 책으로 눈을 돌렸을 때 나는 그만 한 문장에 이끌리고 말았다. 최인훈의 《광장》 서문이었다.

> 인생을 풍문 듣듯 산다는 것은 슬픈 일입니다. 풍문에 만족하지 않고 현장을 찾아갈 때 우리는 운명을 만납니다. 운명을 만나는 자리를 광장이라고 합시다.

아, 머리를 한 대 맞은 기분이다. 인생을 풍문 듣듯 살지 말고 현장을 찾아가라. 그때 운명을 만난다. 그리고 그 운명을 만나는 자리는 광장이다. 나, 배복이, 이제 운명을 만나러 나갈 시간이 된 것이다.

다음 날, 나는 운명을 만나는 자리, 광장을 찾아 나서기로 했다. 그동안 전자의 밀실에 갇혀 있던 나는 이제 나를, 내 빛을 내 운명의 자리, 광장을 향해 내보내리라. '떠날 때는 말없이'라고 했던가. 그래서 말없이 떠나려 했다. 그런데 '미워도 다시 한 번'이라고 했던가. 그동안 나의 빛을 모조리 흡수만 해 나를 억압했던 이곳을 떠나는 게 또 못내 아쉬웠다. 아무래도 H에게는 말을 하고 떠나야 할 것 같다.

"……생각보다 빨리 떠나게 되었군."

"네, 저도 이렇게 빨리 떠나게 될 줄은 몰랐습니다."

"하긴, 이제 이곳의 온도도 내려갔으니 떠날 때가 되었지."

"네? 무슨 말씀이신지?"

"아닐세. 이제 곧 다 알게 될 걸세. 내가 말했지? 자네는 빅뱅의 존재를 입증하는 자가 될 거라고. 이제 그 여행이 시작된 걸세. 그리고 자네는 137억 년이 지난 뒤에도 여전히 자네의 여행을 계속하고 있을 걸세. 자네의 여행지, 아, 자네 식으로 표현하면 '광장'이 어디인 줄은 아나?"

"우주, 라고 들었습니다."

"그렇지, 우주. 자네는 이 우주 공간의 배경이 되어 모든 방향에서 빛을 보내게 될 걸세. 그게 자네 이름의 뜻이기도 하고. 이봐, 배복이. 아니, CBR. 아니아니, 우주 배경 복사, 이제 여행을 떠나게."

H는 여행을 떠나는 나에게 필요할 때 심부름꾼으로 쓰라며 비과학적으로 생긴 '봉구'라는 애를 소개해 주었다. 저 비과학적인

얼굴로 봐서는 필요할 때가 별로 없을 것 같기는 하지만, H의 성의를 봐서 가만히 있었다. 비과학적인 얼굴의 '봉구'라는 애는 별책 부록이라며 '곰'이라는 애도 데리고 왔다. '곰'이라는 애는……, 그냥 곰 같다. 진지하게 시작한 여행인데 이 혹들 때문에 왠지 불안하다.

## 빅뱅으로 가는 멀고 험한 여행

그런데 어디로 가야 하지? 그때 봉구라는 비과학적인 애가 말했다.

"이거이거 우리 '은하수를 여행하는 히치하이커'들 같지 않습니까? 그래서 제가 《은하수를 여행하는 히치하이커를 위한 안내서》도 준비해 왔습니다. 이 안내서에 이렇게 쓰여 있군요. '못 먹어도 고(go), 라는 옛말이 있습니다. 무조건 직진하십시오.' 자, 직진!"

나, 저 비과학적인 얼굴의 비과학적인 멘트를 계속 들어야 해? 그렇지만 별 수 없다. 그래, 일단 직진이다. 그나저나 여기가 우주라는 곳? 빅뱅이 만들었다는 그곳?

"빅뱅이라는 자를 만날 수 있을까?"

"이 안내서를 보면 지구에서는 빅뱅의 존재가 확인되고 있습니다. 빅뱅은 리더인 지드래곤, 탑, 대성, 태양, 승리, 이렇게 5명으로 이루어진 남성 아이돌 그룹으로……."

"저 비과학적인 아이의 말은 듣지 마십시오."

내 마음을 알았는지 곰이 봉구의 말을 잘랐다. 그리고 뜬금없이 말을 이었다.

"배복 씨 당신이 탈출하여 뻗어 나가고 있는 이 우주는 팽창 중인 우주입니다. 당신은 이미 빅뱅을 만난 거와 다를 바가 없다는 소리죠. 뭐, 정확히는 빅뱅 이후지만 말입니다. 당신의 출생의 비밀 속에 빅뱅이 있습니다."

나는 곰을 물끄러미 바라보았다. 그때 봉구가 끼어들었다.

"그럼, 배복 씨의 아버지가 바로 '빅뱅 님'이신 거야? 아버지를 아버지라 부르지 못하고 출신 성분 때문에 갇혀 지내다 이제 드디어 아버지를 만나러 가는 거야, 그런 거야?"

나와 곰은 서로 물끄러미 바라보았다. 봉구의 말에는 대답을 안 하는 게 낫다는 텔레파시가 곰에게서 나에게로, 나에게서 곰으로 전해졌다.

"빅뱅에 대해 말해 줄 수 있겠나?"

"글쎄, 어디에서부터 시작해야 할까요? 아인슈타인?"

그냥 바로 빅뱅에 대해 말하면 되잖아, 라고 말하고 싶었지만 물어보는 처지에 그럴 수는 없었다. 그때 봉구가 끼어들었다.

"곰이 원래 이래요. 그냥 바로 말해 주면 될 것을 저렇게 빙빙 돌리고 물어보고……. 곰처럼 군다 이겁니다. 속 좀 타실 겁니다."

이 비과학적인 애가 오랜만에 맞는 말을 했다. 정말이지 답답하다. 그냥 바로 말할 것이지.

## 아인슈타인의 우주

"아인슈타인을 아십니까? 시간과 공간은 누구에게나 똑같이 느껴지는 절대적인 것이 아니라 상대적인 것이고, 4차원의 구조 속에서 시공간으로 통합된다고 한 아인슈타인 말입니다."

"정말 4차원이군. 도무지 알 수가 없어."

봉구가 끼어들었다. 왠지 싫지 않다. 곰은 아랑곳하지 않고 이야기를 이어갔다.

"아인슈타인은 '휘어진 공간'을 생각했지요. 뉴턴에 의하면 중력은 한 물체가 다른 물체를 끌어당기는 힘이지만, 아인슈타인에게 중력은 '질량을 가진 물체 때문에 생긴 시공간의 만곡'을 말합니다."

"그게 뭐야?"

봉구가 또 끼어들었다. 이번엔 반가웠다.

"휘어져서 움푹 파이는 거 같은 거야. 여기 편평한 고무판이 있다고 쳐. 그리고 그 위에 볼링공이나 당구공 뭐 이런 걸 올려. 그럼 공의 무게 때문에 고무판이라는 공간이 휘겠지? 그렇게 생긴 게 '휘어진 공간'이야. 예를 들자면 태양이 자신의 무게 때문

**아인슈타인**Albert Einstein 특수 상대성 이론, 일반 상대성 이론으로 유명한 물리학자.

에 주변의 공간을 휘게 하고, 지구는 태양이 만든 휘어진 공간 안에서 움직이고 있다는 거지. 대략 이게 아인슈타인이 말하는 중력이야. '물질은 주위의 시공에 어떻게 휘어져야 하는지를 지시하고, 휘어진 시공은 그 속의 물질들이 어떻게 움직여야 하는지를 지시한다'는 멋진 말도 있지."

"계속하게." 내가 짐짓 알아듣는 척하며 말했다.

"네, 배복 씨. 여하튼 아인슈타인은 그런데 왜 별들이 중력의 영향으로 한 지점으로 수축하지 않는지 궁금해 하다가, 중력에 반대되는 힘을 생각하게 됩니다. 물체 사이에 밀어내는 힘, 척력 말입니다. 그리고 이 반反중력적인 에너지를 '우주 상수'라고 부르게 되지요."

"그런 생각은 왜 한 거야?"

또 비과학적인 봉구다.

"어떤 사람들은 우주적인 규모의 생각을 하는 법이거든. 아인슈타인은 정적 우주를 생각하고 있었어. 정적 우주란 팽창하지도 않고 수축하지도 않는 우주를 말해. 말 그대로 정적이지. 우주가 팽창하거나 수축하지 않고 정적인 상태로 있으려면 당연히 반反중력적인 에너지가 있어야 했던 거지. 네가 꿈꾸는 세상이 하늘로 던진 야구공이 더 이상 올라가지도 않고 그렇다고 다시 내려가지도 않고 그대로 공중에 멈춰 있는 세상이라고 해 봐. 그런데 야구공이 중력의 영향을 받지 않고 공중에 동동 떠 있게 하려면 어떻게 해야 할까?"

"아하, 중력에 반대되는 힘, 우주 상수가 있어야지. 공을 아래로 잡아끄는 힘을 물리칠 다스베이더의 에너지!"

"다스베이더가 왜 나와?"

"중력에 반反하는 거니까 그래. 제다이 기사였다가 그에 반대 세력으로 급성장한 다스베이더."

"하긴. 나중에 우주 상수를 암흑 에너지로 보기도 하지."

"암흑 에너지? 오, 상당히 암흑적인데."

"'dark energy'니까 암흑 에너지이기는 한데, 다스베이더류의 암흑 에너지는 아니거든. 중력과는 다르게 우주의 팽창 속도를 가속화하는 에너지가 있을 거라 여기고 있는데, 아직 그 정체를 모르기 때문에 그런 의미에서 '암흑'인 거지."

"그러니까 누군가가 야구공이 중력에 이끌려 땅에 떨어지지 않도록 아래에서 야구공을 향해 바람 같은 것을 계속 불어넣고 있어. 바로 그 바람 같은 게 중력을 거부하는 힘, 우주 상수라 이거지? 아인슈타인이 꿈꾼 정적 우주를 지켜 주는."

뭐야, 이것들. 내가 광장으로 떠나는 여행에 따라붙은 별책 부록들인데, 어쩐지 좀 불안하더니만 이야기가 완전히 뒤죽박죽이잖아. 그것도 지들끼리만! 이쯤에서 내가 다시 원래 흐름으로 돌려놓아야 할 것 같다.

"우리는 지금 우주 배경 복사인 나 우배복의 출생의 비밀, 빅뱅에 대해 이야기하는 중 아니었나? 도대체 어쩌다가 이야기가 여기까지 흘러왔지? 도대체 우리가 지금 어디에서 뭐하고 있는 거냐고?"

"어, 이 안내서를 보니까 배복 씨와 곰과 저는 '아인슈타인-로센 다리' 근처에서 담소를 나누는 중인데요."

"그런 의미가 아니잖아? 그런데 아인슈타인-로센 다리가 여기야? 그게 뭐야?"

"가만 있자, 안내서를 보면 이 다리는……, '건널만 함'이라고 되어 있네요."

과연 봉구다. 과연 비과학적인 애다.

"아인슈타인-로센 다리는 시공간의 휘어짐으로 두 개의 우주를 연결해 주는 통로를 말해. 일종의 벌레 구멍, 웜홀 같은 거지. 우주를 사과라고 할 때 사과의 위아래를 관통하는 구멍 같은 거. 구멍을 통과하면 빙 돌아갈 필요가 없지. 이 시공간의 터널을 바로 아인슈타인-로센 다리라고 보면 돼. 지구에서 베가성으로 가는 지름길 같은 거.

강력한 중력과 반물질이 만들어 내는 밀어내는 힘이 존재한다면, 이 웜홀을 타임머신처럼 이용해서 시공간의 이동이 가능할 수도 있다지. 하지만 자연은 웜홀이 만들어지도록 두지 않는다고 해. 웜홀의 입구가 생기면 또 어떤 원리에 의해 저절로 파괴된다고 하더군. 스티븐 호킹은 '시간 순서 보호 가설'이라는 게 있어서 타임머신은 자연에 의해 존재가 금지되어 있다고 말했어. 하지만 또 모르지."

곰의 말이 끝나자 나는 잽싸게 끼어들었다.

"거, 좋은 다리군. 부탁인데 내 이야기도 빅뱅으로 바로 관통할 수는 없을까? 블랙홀로 빠지지 말고."

"블랙홀은 여기에서 조금 아래로 내려가면 나온다는데요?"

# 블랙홀 휴게소

아인슈타인-로센 다리까지 왔으니 블랙홀에 가 보는 것은 과학적인 일이라고 비과학적인 얼굴의 애가 떠드는 통에 결국 '블랙홀 휴게소'에 들어갔다. 이 휴게소는 보이지 않는 가상의 구의 형태를 띠고 있다고 한다. 우주라는 곳, 이상하다.

"이제 우리는 '사건의 지평선'으로 들어선 겁니다."

"그건 또 뭐냐?"

인정하고 싶지는 않지만 이제는 어째 봉구랑 더 텔레파시가 통하는 것 같다.

"블랙홀의 내부와 외부를 나누는 경계가 있을 거라고 생각할 때, 그 경계를 사건의 지평선이라고 불러. 블랙홀에 대한 건 저기 입구 팻말에 써 있던데."

"내 안내서에도 나와 있어. 어디 보자, 블랙홀은…… '까맣다'

래."

"그 책, 버리면 안 될까?"

**블랙홀 휴게소 건립 과정**

이 블랙홀 휴게소는 '빅스타 재단'의 후원으로 건립되었다. 빅스타 재단은 이 우주 사회에서 '질량이 아주 큰 별의 죽음' 이후 그들의 자산을 환원함으로써 탄생한 재단이다. 이 휴게소를 건립할 수 있도록 그 자산을 사회에 환원해 준 빅스타 재단과 수많은 빅스타의 숭고한 죽음에 새삼 사의의 뜻을 표하는 바이다.

자고로 별들은 핵융합으로 빛을 낸다. 이 융합 반응은 수소→헬륨→탄소→산소→네온→마그네슘→규소→철의 융합 단계를 거치게 된다. 철의 단계에까지 이르면 융합이 일어나도 더 이상 에너지를 방출하지 않게 된다. 에너지를 방출하지 않으니 중력의 힘을 견디기 힘들어지고, 그러다 어느 날 더 이상 중력의 압력을 견딜 수 없게 된 큰 별들은 폭발을 일으킨다. 이것이 바로 초신성이다.

그런데 질량이 태양의 25배 이상이나 되는 별은 중력이 엄청나게 강해서 극단적인 수축을 일으키게 된다. 이때 밀도가 증가하여 중력이 강해진 별, 중력이 너무나 강해서 빛조차 빠져나오지 못하는 별이 생긴다. 이것이 바로 블랙홀이다.

우리 블랙홀 휴게소는 이러한 과정을 거쳐 세워졌으며, 여러분들은 이곳 블랙홀 휴게소에서 '사건의 지평선'을 넘는 순간, 블랙홀의 엄청난 중력 속으로 빠지게 될 것이다.

우리 휴게소가 자랑하는 대표적인 기념품으로는 '슈바르츠실트 반지름'이 있다. 슈바르츠실트 반지름은 블랙홀이 형성되는 한계가 되는 반지름으로, 독일인인 슈바르츠실트가 계산해 낸 값이다. 슈바르츠실트 반지름 안에서 방출되는 빛은 빠져나가지 못하고 다시 블랙홀 안으로 빨려 들어오게 된다. 이 글을 읽고 있는 당신이 만약 지구인이라면(지구인일 것이다. 여기에 오는 관광객의 절반 이상은 다 지구인이다.), 당신들의 지구가 블랙홀이 되기 위한 슈바르츠실트 반지름을 알려 줄 수 있다. 1센티미터(cm)쯤 되게 지구를 압축하면 블랙홀이 될 것이다. 뭐, 이론적으로는.

이 휴게소에서 벗어나는 유일한 장소는 '화이트홀' 휴게소이다. 우리 블랙홀 휴게소가 모든 것을 빨아들인다면 이 화이트홀 휴게소는 모든 것을 내놓기만 한다고 한다. 아직까지는 이론적으로만 존재할 뿐 그 실체가 입증되지는 않았다.

블랙홀 휴게소에서의 블랙홀 같은 시간이 지나고 있었다. 비과학적으로 생긴 봉구가 슈바르츠실트 반지름을 사서 화이트홀로 가겠다고 설치는 통에 정신이 없다. 도대체 빅뱅은 언제 만나려는 거야?

# 가모브의 우주

지금까지의 일들을 떠올렸다. 나는 플라즈마의 밀실에 갇혀 나오지 못하다 드디어 탈출할 수 있게 되었다. 그리고 H는 내가 빅뱅의 존재를 입증하는 자가 될 것이라고 예언했다. 그리고 내 정식 이름은 우주 배경 복사라고도 알려 주었다.

하여 나는 별책 부록 둘을 데리고 밀실에서 광장으로 나가는 여행길에 오르게 되었다. 내가 만나야 할 광장은 우주였고, 내가 만나야 할 자는 이 우주를 만들었다는 자, 시간과 공간을 태어나게 했다는 자, 빅뱅이었다. 비과학적으로 생긴 봉구라는 애는 아는 게 전혀 없어 보인다. 하지만 곰은 빅뱅에 대해 뭔가 알고 있는 것 같았다. 그래서 곰에게 물었다. 그런데 그는 지금 블랙홀 휴게소에서 쉬고 있다…….

곰은 아인슈타인을 아냐고 물었다. 아인슈타인은 팽창하지도 않고 수축하지도 않는 정적인 우주를 생각하며 우주의 수축을 막는 힘, 중력에 저항하는 그 반대의 힘, 우주 상수를 생각해 정적 우주 모델을 만들었다고 했다. 여기까지 듣고는 갑자기 관광객 모드가 되어 아인슈타인-로센다리니 뭐니 돌아다니다가 녹초가 되어 버렸다.

아, 삶이란 너무 굴곡지다. 아아, 이 삶의 굴곡이 시공간의 만곡인가. 이 삶의 무게가 내 삶의 시공을 휘어지게 하고, 내 삶은 그래서 이 휘어진 공간이 만든 궤도 안에서 움직이고 있는 걸까? 아아아, 나도 이상해져 버렸다.

"자, 다시 떠납시다."

까무룩 잠이 들었던 모양이다. 봉구와 곰이 물끄러미 위에서 내려다보고 있다. 이번엔 화제의 중심을 내게로 가져가야지. 그렇지 않으면 또 뒤죽박죽이 될지 모른다. 절대 대화의 주도권을 놓쳐서는 안 된다.

"자, 이제 다시 빅뱅에 대한 이야기를 들으며 길을 떠나도록 하지."

"전 별로 드릴 말씀이……."

"너 말고 곰."

"그럼 이제 프리드만으로 넘어갈까요? 프리드만은 우주가 수축하지 않는 이유는 지금 우주가 팽창하는 중이기 때문이라는 의견을 내놓죠. 야구공으로 친다면 공중에 떠 있는 멈추어 있는 공이 아니

알렉산더 프리드만 Alexander Friedmann 러시아의 수학자. 아인슈타인의 방정식이 우주의 팽창을 나타낸다는 것을 처음 발견하였다.

라, 하늘로 올라가는 중인 공인 겁니다. 프리드만에 의하면 우주는 팽창 중이었고, 이를 발견한 사람이 바로 허블 되겠습니다. 망원경의 달인 허블 씨는 은하들을 관측하다가 은하들이 서로 멀어지고 있다는 것, 게다가 지구에서 멀리 떨어진 은하들은 더 빠른 속도로 멀어지고 있다는 것을 알아낸 겁니다. 봉구에게는 일전에 설명한 적이 있는데요. 도플러 효과 같은 스펙트럼의 적색 편이를 보고 알아낸 거죠. 지구와 어느 별의 거리가 멀어질수록 스펙트럼으로 나타나는 파장이 붉은색으로 치우치거든요."

허블 Edwin Powell Hubble 미국의 천문학자. 1929년 은하들의 스펙트럼선에 나타나는 적색이동(赤色移動)을 시선속도(視線速度)라고 해석하고, 후퇴속도(後退速度)가 은하의 거리에 비례한다는 '허블의 법칙'을 발견하여 우주팽창설에 대한 기초를 세웠다.

조르주 르메트르 Georges Lemaitre 벨기에의 천문학자. 저서 《우주론》에서 '우주는 초고밀도의 원시원자가 폭발적으로 팽창하여 탄생한 것이다'라고 주장하였다. 이와 같은 폭발적 탄생론으로 아인슈타인이 일반상대성원리에 도입한 우주항은 아무런 쓸모가 없게 되었다.

이번엔 은하로 빠지는 걸까? 도대체 이 우주에서 은하들이 서로 멀어지고 있다는 게 무슨 의미가 있다는 거지?

"은하들이 점점 멀어지고 있다는 게 뭘 의미할까요? 우주가 팽창하는 중이라는 사실이겠지요. 중요한 것은 우주라는 공간 자체가 팽창한다는 겁니다. 르메트르라는 천문학자는 우주의 만곡과 우주에 있는 물질을 연구하다가, 은하들이 멀어지고 있다는 발견에 대한 소식을 들었습니다. 그는 이를 근거로 은하들이 멀어지고 있다는 것은 우주가 팽창하고 있기 때문이라고 주장합니다.

우주가 팽창하는 중이라는 것은 또 무슨 의미일까요? 팽창한다는 것은 팽창 이전에는 작았다는 의미 아니겠습니까? 르메트르는 우주가 팽창하는 중이라는 것은 시간을 거슬러 올라가면

초기의 우주는 아주 작았을 거고, 우주를 만든 모든 물질이 이 작은 원자에 들어 있었을 거고, 이 원시 원자가 폭발하면서 팽창하는 거다, 뭐 이런 가설을 세우지요. 이런 연구들 속에서 이제 프리드만의 제자였던 가모브가 등장합니다."

세계 각국의 모든 과학자들은 다 등장할 모양이다. 혹시 빅뱅은 '아인슈타인, 프리드만, 허블, 르메트르, 가모브'로 구성된 5인조 아이돌 그룹이 아닐까? 지구에서 확인되었다는 지구 빅뱅도 5인조 그룹이라고 했는데. 이 우주의 일대 센세이션이었을 빅뱅 역시 어쩌면……. 이런 생각을 하는 순간, 어째 시간이 흐를수록 나도 봉구를 닮아 가고 있다는 생각이 든다. 바보는 전염된다고들 하는데 정말인가 보다.

봉구는 천연덕스럽게 뭔 소린지는 모르겠지만 들어는 준다는 식으로 듣고 있다. 나는 점잖은 척하며 듣고는 있지만 점점 봉구와 비슷해지고, 곰은 지친 기색도 없이 말을 잇는다. 우리는—그러니까 곰과 비과학적인 봉구와 봉구의 바보성에 전염되어 가는 나, 배복이 이렇게 셋은—삼각형의 세 꼭짓점처럼 모여 내 운명을 만나는 자리, 이 우주를 이렇게 떠돌고 있다. 우리 세 각의 합은 180도(°)였다가, 그 이상이었다가, 그 이하였다가 하면서. 말이 될지 모르겠지만 왁자지껄한 침묵 속에서 모이고 흩어진다.

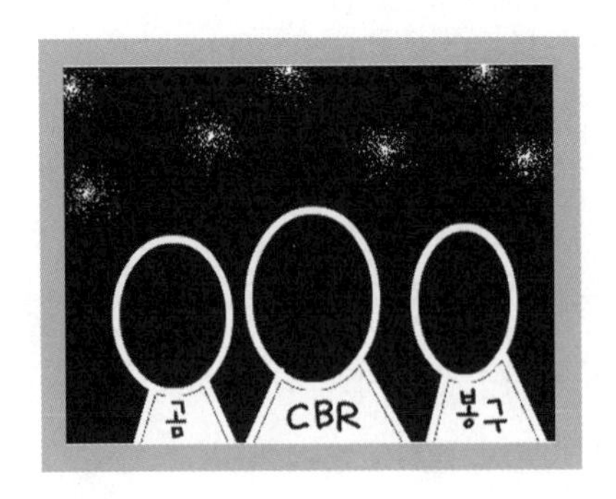

## 배복 씨, 빅뱅을 입증하다

"앗, 가모브의 우주! 이 안내서에도 나와 있다. 음……, '가모브의 우주'는 '빵 터짐' 이래."

봉구가 또 떠든다.

"그 책, 아직도 안 버렸냐?"

곰은 또 면박을 준다.

나는 가만히 다음 이야기를 기다린다. 그러면 곰이 이야기를 시작한다. 정해진 패턴이다.

"가모브는 우주에 수소와 헬륨이 많다는 사실에 주목합니다. 생각을 하지요. 블록을 쌓아서 점점 복잡한 형체를 만들어 가듯, 가벼운 원자핵이 융합해서 무거운 원자핵이 되어 가는 과정을. 그리고 그러한 핵융합이 일어나려면 엄청나게 고온이어야 한다는 사실을. 그래서 그는 우주가 초기에는 고밀도에 고온이었을 거라는 가설을 세우지요.

가모브 Georgy Gamov 고온에서 원자의 결합이 해체되어 전자와 핵으로 분리된 상태.

가모브의 우주는 이렇습니다. 우주가 아주 먼 옛날에는 밀도가 아주 높고 뜨거운 어느 한 점이었을지 모른다. 이 순간이 태초였을 거다. 그리고 이 태초에 대폭발이 일어나면서 우주가 생긴 거다. 초기 고온의 우주에서는 원자핵과 전자들이 분리되어 매우 빠르게 움직이고 있었을 거다. 그리고 빛조차 자유롭게 다니지 못해서 우주는 아주 불투명한 곳이었을 거다. 그런데 그 이후로도 우주는 팽창하고 있고, 그래서 밀도와 온도가 내려가면서 원자핵과 전자들이 결합을 시작한다. 그리고 우주는 투명해지면서 그동안 갇혀 있던 빛들이 자유롭게 분출되었을 것이다. 뭐 이런 거."

잠깐, 저 이야기는 내가 탈출한 곳에 대한 이야기 아닌가?

"네, 맞습니다. 당신은 바로 저 한복판에서 태어난 존재입니다. 원자핵과 전자가 결합하지 않은 상태인 플라즈마 상태에서 이제 벗어나 우주로의 자유로운 항해를 시작하게 된 존재, 그게 바로 배복 씨 당신입니다. 그리고 바로 이 우주를 있게 한 태초의 대폭발을 빅뱅이라고 부르는 겁니다. 재미있는 것은 이 빅뱅이라는 말을 붙여준 게 가모브와는 반대 입장이었던 호일이라는 과학자라는 거죠. 호일은 우주가 어느 날 쾅하고 터졌다는 이론이 있다며 비웃었는데, 그때 '빅뱅 이론'이라는 이름이 만들어진 거라고 하더군요.

뭐 여하튼, 지금까지의 이야기가 당신이 그렇게 찾는 빅뱅이라는 것입니다. 이 우주의 시간과 공간을 태어나게 했다는 그자, 빅뱅. 우주를 만든 대폭발. 당신이 지금 떠돌고 있는 이곳이 빅뱅이 만든 우주라는 공간입니다. 그리고 당신은 그 빅뱅을 입증하는 존재이기도 합니다."

"감격스럽군요. 배복 씨, 드디어 빅뱅을 만난 거군요. 그리고 당신의 존재의 의의를 찾았습니다!"

비과학적인 봉구가 악수를 청하며 감격스러운 척을 했지만 한 가지 의문이 남는다.

"그런데 어째서 내가 빅뱅의 존재를 입증하는 존재라는 거지?"

미국 뉴저지 주, 벨 전화 연구소. 여기 두 젊은이가 있다. 아노 펜지어스와 로버트 윌슨. 그들은 지금 아주 골머리를 앓고 있다. 잡음을 제거해 통신 기술을 개선해야 한다. 그런데 아무리 해도 제거되지 않는 잡음들이 있다. 전자 회로에 문제가 있나, 고쳤다. 아니다. 잡음은 그대로다. 안테나가 낡았나, 고쳤다. 아니다. 안테나에 쌓인 비둘기 똥 때문인가, 이놈의 비둘기들, 우리가 비둘기 똥까지 치워야 하나, 치웠다. 아니다. 아무리 해도 제거되지 않는 잡음들이 있다. 아, 잡스럽다!

그런데 이 잡음, 이상하다. 어느 한 방향에서 오는 것이 아니라 모든 방향에서 동일하게 오고 있다. 이 잡음의 정체가 도대체 무어란 말이냐. 하늘의 소리인가. 그때 로버트 디키와 제임스 피블스라는 천문학자들이 우주의 신호를 찾고 있다는 소문을 들었다. 그리고 그들은 알게 된다. 그들이 제거하려고 했던 이 잡음, 사방에서 들어오는 이 정체불명의 잡음이 가모브가 예견했던 우주의 신호, 태초의 빛, 우주 배경 복사라는 사실을 말이다.

뜨거운 물체는 빛을 낸다. 태양도 그렇다. 아니, 태양까지 갈 것도 없다. 대장간에 가 보면 안다. 대장간이 없다면 포항제철도 괜찮다. 쇠를 달구면 뜨거운 쇠에서는 빛이 나니까. 그게 열복사라는 거다. 뜨거운 물체가 내놓는 빛.

자, 포항제철에서 다시 가모브로 돌아가자. 태초의 우주에서 물질이 원자가 된 후에는 우주의 밀도와 온도가 감소하고, 그전까지 고밀도, 고온의 환경에서 밖으로 빠져나올 수 없었던 빛들은 이제 마음대로 우주로 뻗어 나갈 수 있는 환경이 마련된다. 빅뱅 이후 38억 년이 지나 그렇게 빠져나온 빛은, 우주가 아주 뜨거웠다는 그 흔적은, 우주 배경 복사로, 전파 신호로 오늘날 그 흔적들을 남기고 있다. 난로의 열기가 시간을 두고 퍼져야 그제서야 온기가 느껴지는 방 귀퉁이처럼 137억 년의 세월을 서서히 날아와서 말이다.

당신이 지금 듣고 있는 지지직거리는 텔레비전의 잡음은 바로 태초의 빛이 우리에게 돌아와 들려 주는 전파 신호인 것이다. 그리고 빅뱅이 있었다는 증거인 것이다.

지지직거리는 잡음을 듣다가 잠이 든 모양이다. 그새 〈우주의 신호〉 하이라이트 장면은 여전히 지지직거리는 가운데 해설이 흘러나오고 있었다. 그 잠깐 사이에 지지직거리는 잡음을 우주 배경 음악으로 한 아주 긴 꿈을 꾸었다. 배복 씨와 곰과 우주를 돌아다니는 꿈, 나는 나오는데 내가 주인공은 아닌 꿈, 뭔가 복잡하고 어려운 꿈.

## 팽창이냐 수축이냐, 그것이 문제로다

머리도 식힐 겸 곰과 동네 공원으로 산책을 갔다. 저녁 시간이라 그런지 공원은 한산했다. 헬륨 가스를 넣은 풍선을 든 아이들 셋이 지나가고 있었다. 아이들은 풍선을 들고 공원 벤치에 앉아 있는 누군가에게로 가는 중이었다. 벤치에 앉아 책을 읽고 있던 여자가 아이들을 향해 손짓한다. 아마 아이들의 엄마인 모양이다.

엄마를 향해 뛰어가던 한 아이가 그만 풍선을 놓쳤다. 아이의 손에서 놓여난 풍선은 하늘로 하늘로 올라가고 있었다. 아이는 울 듯 말 듯한 표정으로 날아가는 풍선을 멍하니 바라보았다. 옆에 있던 아이는 자기도 놓칠세라 풍선을 묶은 실을 꽉 잡고 있었다. 나머지 한 아이는 그것으로도 안심이 안 되는지 실을 잡아당겨 풍선을 자기 쪽으로 끌어당기고 있었다. 풍선을 놓친 아이는 결국 앙, 하고 울음을 터뜨렸다.

엄마는 읽고 있던 책을 벤치 위에 놓고는 우는 아이에게 달려간다. 우는 아이를 다독거리고는 세 아이를 데리고 공원을 떠난다. 저녁 노을 속에 하나의 풍선은 하늘로 올라가고 있고, 또 하나의 풍선은 아이의 손에 연결되어 바람따라 팔랑거리고, 또 하나의 풍선은 한 아이의 가슴 속에 안겨 있다. 너무 꽉 안고 있는 나머지 조금만 힘을 더 주면 풍선이 터질 지경이다. 엄마와 세 아이들 뒤로 노을이 만들어 내는 그림자가 옅게 퍼지기 시작한다.

아이들과 엄마가 떠난 그 자리에 곰과 앉아 이야기를 나누었다. 언제나 그렇듯 우리는 과학적인 대화만을 나눈다.

곰, 우주가 팽창 중이라면 앞으로도 계속 팽창할까? 혹시 다시 수축하지는 않을까?

네 몸무게는 늘어날까 줄어들까? 아니면 그대로 유지될까?

왜 남의 몸무게는 물고 늘어져?

우주의 몸무게 문제거든, 어쩌면.

나, 다이어트 할까?

지금 먹고 있는 빵은 뭔데?

이 빵은……, 일용할 양식이야.

빵만 일용하지 말고 마음의 양식을 일용하는 건 어때? 네 옆에 책도 있네.

마침 보란 듯이 내가 앉은 벤치 위에 책 한 권이 떡하니 놓여 있었다. 아마도 아까 그 아이의 엄마가 읽고 있던 책인 모양이다. 〈오메가(Ω)의 비밀〉이라.

**〈오메가(Ω)의 비밀〉**

때는 난세亂世의 중원. 무림들의 세계에서는 절대 고수가 등장하지 않은 채 저마다의 세력을 과시하여 무림을 평정하려는 무리들이 우후죽순 생겨나고, 또 이슬처럼 사라지고 있었다. 어설픈 자들은 취권, 사권, 학권의 포즈를 취하다가 장풍에 날아가기가 일쑤요, 양날검을 휘두르는 검객에게 끝내 피를 보기가 다반사요, 외팔이 검객은 어느 무리에도 속하지 않은 채 텅 빈 소맷자락을 휘날리며 쓸쓸히 저녁노을을 배경 삼아 사라지고는 하던 이 어지러운 중원. 그러나 세상의 소요는 모른다는 듯이 고요한 곳이 있었으니, 바로 곤륜산 어느 자락에 위치한 중림사中林寺라는 곳이었다.

소림사가 각종 영화와 CF로 상업화가 되고 있을 때, 세상의 자본주의와 자유경제주의에 놀아나지 않는 곳. 묵묵히 무술인으로서의 절대 내공을 지향하는 무리들이 모여 심신 수련에만 온갖 정신을 쏟는 곳. 남을 취하거나 해하기 위해, 혹은 무림 고수의 명성을 위해 달리지 않고 오로지 자신의 세계에 정진하기 위해 뜻을 같이한 무리들이 모인 그곳. 바로 세상에 존재하지 않을 것 같은 장소인 중림사였다.

중림사는 뜻이 맑은 무리들을 끌어들이는 힘이 있었다. 중림사의 중력에 끌려 이곳에 스스로 들어온 자만도 여럿이었다. 중림사의 중력은 그들이 어떻게 살아야 할지, 그리고 어떻게 움직여야 할지를 지시하는 힘이었다. 중림사에 고르게 배치된 그들은 그곳에서 그들의 삶의 궤도를 따라 열심히 수련하고 있었다. 그들이 흘린 땀은 태평양은 물론 대서양, 인도양, 심지어 발트해까지 그 물을 더 짜게 만들었으며, 그들이 흘린 피는 홍해를 붉게 만들었으며, 그들이 밤낮 없는 수련 후 씻어 내는 때는 흑해를 검게 만들었고, 그들의 의지는 모든 바닷물을 푸르게 물들였다.

이곳 중림사에는 어릴 때 버려진 한 아이가 있었다. 난세의 중원에서 명망 높은 가문의 자제였던 이 아이는, 어느 날 가문을 쑥대밭으로 만든 반대파의 급습으로 집이 불타오르는 가운데 그 뜨거움 속에서 유모가 가까스로 구해 낸 아이였다. 유모는 선친의 마지막 말을 받들어 중림사에 아이를 맡기고는 명을 다했다. 이런 이야기에서 그렇듯 그랬다는 말이다.

아이는 중림사의 평온함 속에서 무럭무럭 자랐다. 복수는 복수를 부르며 피는 피를 부르니, 부디 복수의 피를 흘리지 말고 스스로의 내공을 쌓는 데 주력하라는 선친의 유언에 따라 이런 류의 이야기에서는 보기 드물게 원수를 갚기 위해 부단한 수련을 하지는 않았다. 하지만 내공을 쌓기 위해서는 부단한 수련을 했다. 물 긷기 3년, 나무하기 3년, 사부님 밥하기 3년의 세월 속에 아이의 내공은 100에서 200으로, 200에서 300으로 높아 가고 있었다. 아이의 무술 실력 중 가장 뛰어난 것은 달리기였다. 그는 우사인 볼트보다 빨리 뛸 수 있었지만 올림픽에는 나가지 않았다. 재야 달리기 인사였다.

아이는 이제 어엿한 청년이 되었다. 그리고 보란 듯이 멋있어졌다. 그의 외모는 꽃미남 'F4'를 능가했으며, 복근은 비를 능가했다. 그리고 달리기 실력도 일취월장했다. 이 장성한 청년에게는 한 가지 고민이 있었으니, 바로 자신의 진로였다. 그는 중림사 밖으로 나가고 싶었다. 중림사가 싫은 것은 아니었다. 그렇다고 여기에만 머무는 것도 원하지 않았다. 사나이로 태어나 더 큰 세상을 향해 나아가고 싶었다. 그의 발 빠른 다리는 늘 근질거렸다.

그러던 어느 날, 그는 "그래, 결심했어!"를 외치며 중림사 밖을 향해 냅다 달렸다. 그러나 막 담을 넘으려는 순간 뒤에서 그를 낚아채는 힘을 느꼈다. 중림사에 모여 있는 뜻이 맑은 무리들이었다. 그들은 너는 아직 세상 밖으로 나갈 때가 아니라고, 아직 그럴 만한 역량을 갖추지 못했다고, 세상은 준비되지 않은 자에게는 냉혹하다고, 여기를 나가려면 우리들을 이기고 나가야 한다고, 그때가 되면 우리도 네가 이곳을 나가는 것을 순순히 받아들이겠다고 말했다.

"제가 중림사를 나가려면 결국 당신들이 나를 잡을 수 없도록 힘을 길러야 한다는 소리군요."

"그렇다. 네가 우리보다 더 빨리 달리지 못하고, 우리보다 더 힘을 기르지 못하면 우리는 계속해서 너를 다시 중림사로 데리고 올 수밖에 없다. 그게 세상의 이치다."

청년은 웨이트 트레이닝을 시작했다. 닭가슴살과 고구마 반 개, 삶은 달걀 한 개만 먹으며 꾸준히 몸을 키우는 한편, 달리기 연습도 게을리하지 않았다. 그리하여 드디어 청년은 마라톤 코스 42.195킬로미터(km)를 9.62초 대에 돌파하게 되었다. 강호동 천 명이 잡아끌어도 너끈히 물리칠 수 있는 내공도 길렀다. 뜻이 맑은 무리들은 그보다 빨리 뛰지 못했고, 강호동 천 명의 힘보다는 약했다. 이제 그에게 다시 기회가 온 것이다.

결전의 어느 날, 청년은 연인들의 닭살 멘트인 "나 잡아 봐라"를 외치며 또다시 중림사 밖을 향해 냅다 달렸다. 그런데 이게 웬일인가. 그는 다시 잡혀 오고 말았다. 분명 뜻이 맑은 무리의 힘을 넘어섰는데……. 알다가도 모를 일이었다. 보이지 않는 누군가가 청년을 잡아끄는 것 같았다. 그때 사부님이 나타났다. 흰 수염을 길게 기르고 지팡이를 든 사부님이 온화하나 단호한 목소리로 말했다.

"네 눈에 보이는 것이 다가 아니니라."

"무슨 말씀이신지요?"

"이곳에는 뜻이 맑은 무리만 있는 것이 아니라는 소리니라.

네 눈에 보이는 그들은 이곳 중림사의 4퍼센트(%) 정도에 불과하다. 중림사에는 그들 말고도 네 눈에는 보이지 않지만 존재하는 자들이 있다. 그들은 보이지는 않지만 너를 끌어당기고 있지. 나는 그들을 암흑의 무리라고 부른다. 보이지 않는다는 의미이지, 그들이 사악하다는 의미는 아니니 혼동하지 말도록."

"그럼 제가 어떻게 하면 나갈 수 있습니까?"

"여기 천 년의 비서秘書가 있다. 우리 가문의 무술 비법서라고 할 수 있지. 이것을 보고 무공을 닦도록 하여라. 그리고 어느 정도의 경지에 이르면 그때 네 스스로 선택하도록 하라."

사부님은 천 년의 비서를 툭 던지고 냅다 사라졌다. 그 오래된 책에는 〈오메가(Ω)의 비밀〉이라는 제목이 붙어 있었다. 그때 바닥에 떨어진 책을 줍는 손이 있었다. 섬섬옥수 고운 손, 그 손의 주인은 사부님의 딸이었다.

"이렇게까지 꼭 이곳을 나가셔야 합니까? 소녀는 어찌하라고 그러십니까. 설마 제 마음을 모른다고 하시는 건 아니겠지요? 소녀, 서운하옵니다."

청년은 아무 말도 할 수 없었다. 안다, 어찌 그 마음을 모르겠는가. 나 역시 마찬가지 아니었던가. 중림사 밖으로 나가고 싶은 마음 반대쪽에는 그녀와 중림사 안에 머물고 싶은 마음이 자리하고 있었다. 이것이 청년이 고민하는 자신의 진로였다. 밖으로 나가느냐, 안으로 들어가느냐, 그것이 문제로다. 햄릿 부럽지 않은 고민이었다.

지금으로서는 이 책의 비법을 오롯이 자기 것으로 하는 일밖에는 없다고 생각한 청년은 책을 파고들었다. 그리하여 청년은 천 년의 비서가 들려주는 세 가지 비밀을 알게 되었다.

사부님이 물었다.

"그래, 천 년의 비서가 말하는 세 가지 비밀을 터득했느냐?"

"네, 무진장 어려웠습니다만 제 나름대로 이해하려고 노력했습니다. 아인슈타인 방정식 부분에서는 책을 찢어 버리고 싶었습니다만, 그 불온한 마음을 꾹 참았습니다."

"장하다. 아인슈타인은 사람은 참 착해 보이는데 머릿속은 너무 복잡하단 말이지. 그래, 그럼 어디 말해 보거라."

"네, 비밀은 $\Omega$-3로 요약할 수 있겠습니다. '오메가 쓰리', 라는 건강 보조제와 혼동하지 마시기 바랍니다. 우선 제가 터득한 바로는, 이 오메가($\Omega$)라는 것은 제가 이곳을 빠져 나갈 수 있느냐 없느냐의 경곗값이라고 할 수 있을 것 같습니다. 물리적인 현상이 갈라져서 다르게 나타나는 지점, 이 지점과 저 지점의 경계를 '임계'라고 하더군요. 경계에 다다랐다는 뜻인 모양입니다. 그러니까 제가 이곳 중림사의 중력을 벗어날 수 있느냐 없느냐는, 그 힘의 경계인 임계를 벗어나느냐 마느냐의 문제더군요. 결국 질량 밀도의 문제인 것입죠. 이 밀도의 비율이 바로 오메가 상수였던 겁니다.

그러니까 이런 겁니다. 우선 중림사의 힘이 약한 경우를 말씀드리지요. 이곳 중림사가 저를 잡아끄는 힘, 그러니까 중림사의 질량 밀도가 이곳을 빠져나갈 수 있는 밀도인 임계 밀도보다 작다면 저는 당연히 이곳을 빠져나갈 수 있겠죠. 팽창할 수 있는 겁니다. 이런 경우를 '$\Omega<1$'로 보면 됩니다. 중림사를 빠져나갈 수 있는 경계의 값, 즉 임곗값이 1이라고 한다면 뜻이 맑은 무리들의 힘이 1보다 작은 경우입니다. 그럼 그들은 저를 잡아 둘 힘이 약하다는 소리니까 저는 이곳을 빠져나갈 수 있는 겁니다."

"오호, 훌륭하구나. 그럼 다음 경우는 무엇이냐?"

"척하면 착이지 않습니까? '$\Omega>1$'의 경우지요. 중림사의 힘이 훨씬 월등한 경우 말입니다. 중림사의 질량 밀도가 이곳을 빠져나가는 임계 밀도인 1보다 크다면 당연히 이곳을 빠져나갈 수가 없지요. 끌려들어오는 겁니다. 수축하는 거죠."

"오호, 훌륭하구나. 그럼 다음 경우는 무엇이냐?"

"뻔하지 않습니까? '$\Omega=1$'인 경우지요. 밀고 당기고 하면서 편평해지는 경우가 아닐까요?"

"오호, 그럼 너는 어떤 선택을 하였느냐?"

"글쎄요. 제 지난 시간을 돌아봤습니다. 제가 중림사를 벗어나려고 할 때 중림사의 뜻이 맑은 무리들이 저를 붙잡았지요. 이제 와 생각하니 그들이 이곳의 질량 밀도였던 겁니다. 그들의 힘이 약하면 저를 잡아 둘 수 없겠지요. 그래서 저는 힘을 길렀지요. 이 중림사의 경계를 벗어날 수 있는 힘 말입니다. 저 무리들의 힘보다 월등한 힘 말입니다.

성공하는 줄 알았습니다. 그런데 또 발목을 잡히고 말았지요. 이곳엔 눈에 보이는 무리 말고도 눈에 보이지 않는 암흑의 무리들이 있어서, 제가 미처 몰랐던 힘을 갖고 있었던 겁니다. 저는 아직 이 중림사에 있는 무리들의 힘, 그들의 밀도가 어느 정도인지 가늠이 안 됩니다. 게다가 밖으로 나가고 싶기도 하고, 사부님의 딸 때문에 이 안에 남아 있고 싶기도 하고, 아직 제 자신도 갈팡질팡하는 중입니다. 모르겠습니다. 어느 걸 선택해야 할지. '$\Omega<1$'일까요, '$\Omega>1$'일까요, 아니면 '$\Omega=1$'일까요? 알아맞춰 보세요, 딩동댕."

어째 그 아이들의 풍선을 보는 듯도 해. 아이의 손아귀 힘이 약해서 날아간 풍선, 손아귀 힘이 강해서 아이 가슴에 안긴 채 곧 터질 것 같은 풍선, 아이의 손과 풍선을 묶은 실 사이에서 팔랑거리는 풍선.

사실 우주의 이야기이기도 해. 아까 당신이 물은 이 우주의 햄릿적 고민.

팽창이냐 수축이냐, 그것이 문제로다?

우주가 앞으로 팽창할지 수축할지의 문제는 우주에 있는 물질들의 밀도에 달려 있어. 당신이 읽은 책에 나온 임계 질량 밀도가 변수인 거지.

임계 질량 밀도라, 말이 너무 어려워.

이 돌멩이를 던져서 지구 밖으로 내보내는 방법을 알아?

힘껏 던지면 되지 않을까?

그래, 힘껏. 초속 11킬로미터(km) 이상으로 던지면 돼. 그 속도라면 지구의 중력에서 벗어날 수 있거든. 만약 그 속도에 미치지 못하면 돌멩이는 지구 밖으로 나가지 못하고 하늘로 올라갔다가, 지구의 중력 때문에 다시 땅으로 떨어질 거야. 그러니까 이렇게 지구의 중력을 벗어날 수 있는 그 경계가 되는 순간을 임계라고 하는 거야. 그 점을 넘어서면 지구 밖으로 나가고, 넘어서지 못하면 지구로 돌아오는 경계가 되는 바로 그 지점!

그게 우주의 팽창, 수축과 무슨 상관인데?

책을 헛 읽었냐? 우주에 적용해도 마찬가지라는 거지. 우주에도 그런 임계 질량 밀도라는 게 있어. 우주가 자신의 중력에서 벗어날 수 있는 경계 지점이 되는 밀도 말이야. 그 경계가 되는 임곗값을 넘어서느냐 아니냐에 따라 우주의 팽창과 수축이 결정되는 거지.

그러니까 밖으로 나가려는 힘을 막을 만한 중력이냐 아니냐의 문제라는 거야? 예를 들어 몸무게가 50킬로그램(kg)인 봉구가 원 밖으로 뛰쳐나가는 것을 막으려면 최소한 곰의 몸무게가 50킬로그램(kg)은 되야 하는 거. 곰이 50킬로그램(kg)이 아니고 38킬로그램(kg)쯤 되면 나를 잡을 수 없는 거지. 64킬로그램(kg)이면 나를 너끈히 잡고. 맞지?

아무래도 네 몸무게는 50킬로그램(kg) 이상일 것 같은데?

당신도 38킬로그램(kg)으로는 안 보여.

여하튼 우주의 실제 밀도와 임계 밀도의 비율을 나타낸 게 바로 오메가 상수야. '$\Omega$〈1'의 우주는 우주에 있는 실제 물질들의 밀도가 임계 밀도보다 낮은 경우지. 이 경우에는 어떻게 될까? 우주의 팽창을 막을 수 있는 힘이 약해지니까 우주는 팽창을 하게 될 거야. 이런 걸 '열린 우주'라고 해. 텅 빈 우주가 되는 거지. 이 경우 우주의 모습은 말안장 같은 모습이야. 곡선이나 곡면이 굽은 정도를 곡률이라고 하는데, 말안장 모양은 음의 곡률이라 여기에 삼각형을 그린다면 내각의 합이 180도(°)가 안 돼.

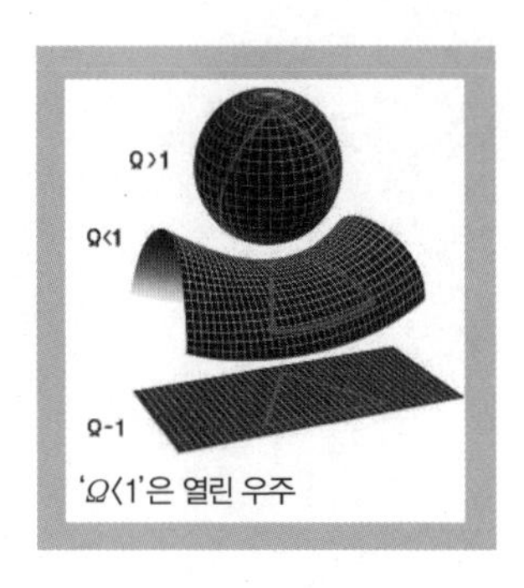

'$\Omega$〈1'은 열린 우주

삼각형의 내각의 합은 180도(°)라는 게 절대 불변의 진리 아니었어?

그건 평면의 경우에 해당되는 유클리드 기하학의 세계야. 곡면이라면 이야기가 달라지지. 비유클리드 기하학의 세계거든.

기하학도 기이하군.

이번에는 '$\Omega$〉1'의 경우를 생각해 보자. 우주에 있는 물질들의 질량이 많으면 어떻게 될까? 중력의 힘이 세지니까 우주의 팽창을 막겠지. 이렇게 되면 '닫힌 우주'가 되는 거야. 닫힌 우주는 양의 곡률을 보여. 삼각형 내각의 합이 180도(°)가 넘지. 지구처럼 구의 모습을 가진 우주가 닫힌 우주야. 닫힌 우주는 계속 수축을 하다가 결국 대붕괴될지도 몰라. 그걸 '빅 크런치big crunch'라고 하지. 빅뱅이 우주 대폭발이라면 빅 크런치는 우주 대붕괴야. 크런치는 단단한 것이 으스러질 때 나는 소리이기도 해.

큰일인데.

한 가지 경우가 남았어. '$\Omega=1$'인 경우. 우주의 질량 밀도와 임계 밀도가 같으면 '편평한 우주'가 돼. 편평한 우주도 팽창을 하기는 하지만 열린 우주처럼 극단적이지는 않아. 힘의 균형이 이루어진 상태니까 가까스로 팽창하는 정도? 이 경우 우주의 모습은 편평한 형태를 띠게 돼.

지금 우리 우주의 모습은 어떤 상태야? 구야, 말안장이야, 편평한 형태야?

모르지. 우주에 있는 물질과 에너지에 달린 거니까. 우주의 임계 밀도는 대략 1세제곱미터($m^3$)당 수소 원자 다섯 개 정도가 들어 있는 경우라고 보면 돼. 그러니까 수소 원자가 다섯 개 이상이면 우주는 수축하는 닫힌 우주가 될 것이고, 다섯 개보다 적은 수소 원자가 있다면 팽창하는 열린 우주가 되겠지.

지금 몇 개 있어?

임계 밀도의 4퍼센트(%)밖에 안 된다고 해. 편평한 우주가 되기에는 부족한 질량이지.

그럼, 물질과 에너지의 밀도가 임계 밀도보다 낮은 경우니까 열린 우주인 거야?

글쎄, 중림사에 있다는 암흑의 무리 기억나? 뜻이 맑은 무리들 말고, 보이지는 않지만 중림사에 존재하면서 청년을 잡아끌었던 암흑의 무리. 우주에도 그런 암흑의 무리가 있다고 생각해 봐. 보이는 물질들의 밀도는 4퍼센트(%)밖에 안 되지만, 우주에는 보이지 않는 물질들도 있다고 말이야. 그 보이지 않는 물질들을 '암흑 물질dark matter'이라고 불러.

암흑 물질 暗黑物質, dark matter
보이지는 않지만 중력을 통해 존재를 인식할 수 있는, 우주에 있을 것으로 추정되는 물질.

전에 이야기한 적 있지? 캄캄한 밤에 63빌딩 위에 올라가서 서울을 내려다보면 화려한 야경이 펼쳐지지만 반짝거리는 밤의 불빛이 없는 곳은 어둡다고, 그래서 보이지 않는다고. 하지만 보이지 않는다고 해서 그 어둠 안에 아무것도 없는 것은 아니라고. 뭐 그런 거야. 어두워서 보이지는 않지만 분명 존재하는 물질이 우주에 있다는 거지. 그런 암흑 물질들이 우주의 부족한 질량의 문제를 어느 정도 보완해 주고 있는지도 몰라.

공원은 어느새 어두워졌다. 낮에 보았던 나무나 벤치, 공원 안내문 같은 것들은 어둠에 묻혀 더 이상 보이지 않았다. 하지만 그것들은 분명히 있다. 단지 안 보일 뿐이다. 우주에도 보이는 물질 말고 안 보이는 암흑 물질들이 있어서 우주의 밀도를 '플러스'시키고 있을지도 모른다.

## 암흑 물질, 또는 부족한 질량의 문제

집으로 돌아오니 딱히 할 일이 없다. 이럴 때는 영원한 친구 텔레비전을 만나야 한다. 마침 광고 중이다.

"질량이 부족하십니까? 걱정 마십시오. 부족한 질량을 보충해 드립니다. 여러분의 부족한 질량을 보충해 드리기 위한 오늘의 히트 상품 '중력 렌즈'!

중력 렌즈를 지금 구입하시는 분에게는 사은품으로 '아인슈타인 반지'와 '아인슈타인 십자가'를 덤으로 드립니다. 아인슈타인 반지와 아인슈타인 십자가는 아시는 분은 아시겠지만, 시중에서 쉽게 구할 수 있는 물건이 아닙니다. 우주에서나 구할 수 있는 귀한 물건이지요. 이 반지 하나 끼고 동창회 나가시면 스타 되는 것은 시간 문제입니다.

중력 렌즈 멀리 떨어진 천체에서 나온 빛이 지구에 도달하는 중에 은하단 같은 거대한 천체들의 중력장의 영향을 받아 굴절되어 보이는 현상.

중력 렌즈 하나 구입 가격으로 아인슈타인 반지와 아인슈타인 십자가까지 얻을 수 있는 절호의 기회, 절대 놓치지 마십시오. 채널 고정! 이 모든 상품을 3개월 무이자로 월 99,000,000원에 판매하고 있습니다.

상품 설명 간단히 해 드릴게요. 자, 여기 빛이 있습니다. 이 빛은 지금 지구를 향해 가는 중이지요. 그런데 지구에 도달하는 중간에 거대한 천체들이 모인 곳을 지나가게 됩니다. 거기에는 뭐가 있을까요? 네, 그렇습니다. 거대한 천체들이 그들이 가진 질량으로 시공간을 휘게 해 놓았죠. 큰 중력장이 생기는 겁니다. 자, 보세요. 이제 중력 렌즈 효과가 일어납니다. 빛이 이곳을 지나가게 되면 중력장의 영향으로 빛이 휘는 거, 보이시죠? 대단하지 않습니까? 빛이 굴절되어 나타나는 모양, 아름답지요?

지금 바로 주문 전화 주세요. 사은품 아인슈타인 반지와 아인슈타인 십자가도 잊지 마시고요."

흠, 중력 렌즈라는 거 하나 사면 반지와 십자가도 준다고? 충동구매 욕구가 마구마구 용솟음친다. 막 주문 전화를 넣으려는데 곰이 전화기를 끊어 버린다.

 월 99,000,000원 낼 수 있어?

아니……, 아깝다. 중력 렌즈 하나 사면 아인슈타인 반지와 아인슈타인 십자가도 준다는데.

저건 암흑 물질의 존재를 알아내는 데 효과적이지 당신에게는 어울리지 않을걸. 광고에서 설명이 나왔지만 중력 렌즈 효과라는 게 있어. 빛이 지구에 도달하는 중간에 거대한 천체들이 만들어 내는 휜 시공간을 지나면, 그 중력장의 영향으로 빛도 굴절되는 것처럼 보이는 효과를 말하는 거지. 그거 사서 쓸데 있어? 당신은 없어.

아인슈타인 반지와 아인슈타인 십자가는?

그것도 목걸이, 반지 같은 게 아니거든요. 빛이 굴절되면서 만들어지는 모양에 붙인 이름이거든. 반지 모양으로 나타나는 경우도 있고, 십자가 모양으로 나타나는 경우도 있어. 그런데 아인슈타인이 예측한 현상이라 '아인슈타인 반지', '아인슈타인 십자가' 라는 이름들이 붙은 거야.

그런데 중력 렌즈 효과가 왜 암흑 물질의 존재를 알려 준다는 거야?

중력 렌즈 효과를 보여 주는 은하단들을 연구해 보니까 뭔가 이상한 거야. 보이는 질량들보다 한 7배는 많은 질량일 때 나타나는 중력 렌즈 효과가 나타난 거지. 아, 그렇다면 관측할 수 있는 질량보다 뭔가 보이지는 않지만 중력 작용을 하는 물질들이 있는 것은 아닐까 생각할 수 있지. 그 보이지 않는 물질들이 암흑

암흑 물질이 숨어 있을 것으로 보이는 은하의 무리.

물질인 거고.

살 수도 없는 물건 광고를 보느니 차라리 신문을 보는 게 낫겠다 싶어 〈우주일보〉를 집었다. 〈우주일보〉의 독자 투고란에 같은 제목의 글이 두 개나 올라와 있다.

**이상하다, 뭔가 있는 게 아닐까 1**

나는 은하단 내의 은하들의 움직임을 연구 중이다. 내가 관측 중인 은하단의 이름은 '코마'이다. 나는 이 은하단의 질량과 개별 은하들의 움직임을 연구하고 있다.

물질들의 질량이 만들어 내는 중력이 큰 곳에서는 천체들이 빠르게 움직인다. 태양만 봐도 그렇다. 태양과 가까운 곳에 있는 수성은 태양과 멀리 있는 천왕성보다 공전 주기가 빠르다. 은하단도 마찬가지여서 개별 은하의 위치와 공전 속도를 알면 그 은하단에 작용하는 중력의 크기, 은하단의 질량도 계산할 수 있다.

뭐 그런 식으로 은하단 내의 은하들의 움직임을 연구하다 보니 은하들의 공전 속도가 이상한 거다. 너무 빨리 움직이고 있다. 그 속도라면 이 은하단의 질량이 만들어 내는 중력으로는 은하들을 붙잡아 둘 수가 없다. 보이지 않는 물질이 있어서 이 은하단의 중력을 크게 하지 않는 한 이런 일은 있을 수 없다. 은하단에서 '보이는 질량'들이 만들어 내는 중력보다 훨씬 큰 중력 안에서 빠르게 움직이는 것처럼 보이니 말이다. 그것도 무려 7배나 큰 중력 안에서 움직이는 것처럼 보인다.

이상하다. 뭔가 보이지 않는 물질들이 있다는 소리가 아닐까? 예를 들어 '1=1'이어야 하는데 '1=7'이 나왔다면, 그런데 계산이 틀리지 않았다면 어떻게 된 걸까?

'1(+6)=7'인 거다. 그런데 이 괄호 안의 (+6)이 우리 눈에는 안 보인 거다.

우주에는 눈에 보이는 물질만 있는 게 아니라 '보이지 않는 물질'이 있는 것은 아닐까? _1930년대, 프리츠 츠비키

프리츠 츠비키 Fritz Zwicky 암흑 물질을 최초로 발견한 물리학자. 불가리아에서 스위스인 부모의 아들로 태어난 츠비키는 1930년대에 취리히에 있는 연방공과대학을 졸업했다. 그 후 미국의 윌슨산천문대에서 천문학을 연구했고, 미국 캘리포니아 공과대학 교수를 역임했다.

### 이상하다, 뭔가 있는 게 아닐까 2

츠비키 씨가 경험한 것을 나도 경험했다. 나는 나선 은하를 관측 중이다. 예전에 케플러 씨가 말한 적이 있다. 큰 별이 갖는 중력의 영향력, 그 중력장의 중심에서 멀리 떨어진 별들의 공전 속도는 느려진다고 말이다. 그래서 케플러 법칙도 만들었다. 법칙이라니까 나도 나선 은하를 관측하면서 그런 법칙을 보게 될 거라고 생각했다. 은하의 중심에서는 회전 속도가 빠르고 은하의 바깥으로 갈수록 회전 속도가 줄어들 거라고 말이다.

그런데 이상하다. 은하 바깥쪽 별들의 공전 속도가 거리가 멀

어져도 줄지 않았다. 심지어 바깥쪽인데도 회전 속도가 훨씬 빠르다. 그렇다면 뭔가 보이지 않는 물질들이 있다는 소리가 아닐까? 아무래도 보이지 않는 물질들이 있어서 주변에 중력 효과를 만들어 내는 모양이다. _1970년대, 베라 루빈

베라 루빈 Vera Rubin 미국의 천문학자. 암흑 물질은 1970년대 베라 루빈의 연구를 통해 비로소 명확히 존재를 드러냈다.

"역시 암흑 물질이라는 게 있는 모양이군."

"중력 렌즈 효과 등 은하들의 움직임을 보면 확실히 뭔가 있기는 하지. 우주에는 보이지는 않지만 중력의 효과로 그 존재를 짐작할 수 있는 암흑 물질이라는 게 있어서 우주 물질, 그러니까 우주 에너지의 부족한 질량을 채워 주고 있다고 보면 돼. 하지만 암흑 물질들이 차지하는 비중은 한 24퍼센트(%) 정도야. 우주 에너지의 밀도는 보이는 물질이 약 4퍼센트(%), 보이지 않는 암흑 물질이 약 24퍼센트(%) 정도를 차지하고 있어."

"그럼 나머지 72퍼센트(%)는?

"〈우주일보〉에 나와 있네."

# 72퍼센트를 찾습니다

〈우주일보〉 아래 구인란에 이상한 광고가 떴다. 72퍼센트(%)를 찾는다는 광고다.

72퍼센트(%)를 찾습니다!

예전에 아인슈타인 씨가 입양을 철회한 상수야, 돌아와라. 우리들의 실수였다. 너를 그렇게 보내고 우리는 어딘가 허전했다. 인정한다. 우리의 허전한 마음은 시간이 지나면 가라앉을 줄 알았다. 그런데 시간이 지날수록 그 마음은 커져만 가는구나. 가속 팽창 중이다. 상수야, 우주 상수야. 네가 필요하다. 너는 보이지 않지만 우리는 그 보이지 않는 어둠 속에서도 너의 기를 느낄 수 있단다. 너는 우리의 암흑 에너지, 우리의 72퍼센트(%)란다.

저 보이지 않는다는, 하지만 우리의 72퍼센트(%)라는 상수가 누구야? 돌아왔을까?

아인슈타인의 우주 상수 기억나?

응. 우주가 한 점으로 수축하지 않는 것은 우주의 중력에 대항하는 척력이 있기 때문이고, 그 척력을 우주 상수라고 한다는 거.

아인슈타인은 팽창하지도 않고 수축하지도 않는 정적인 우주를 생각했어. 때문에 우주 상수라는 개념을 도입한 거야. 우주가 한 점으로 수축하지 않는 것은 중력에 대한 반反중력이 있어서 우주를 안정적인 상태로 만드는 거라고 말이지. 그런데 허블이 관측한 것처럼 우주는 팽창 중이라는 사실이 밝혀졌고, 그래서 스스로 우주 상수 개념을 폐기했어. 그 후로 과학자들은 우주의 팽창 패턴을 꾸준히 연구했는데, 이게 또 이상한 거야.

우주에는 이상한 일이 아주 많은가 봐.

공을 하늘로 던지면 처음에는 속도가 빠르지만 시간이 지나면 속도가 줄어드는 게 정상이지? 우주의 팽창 속도도 시간이 지나면서 느려질 거라고 생각했는데 관측을 해 보니 이게 웬걸, 오히려 더 빨라지고 있는 거야. 감속 팽창을 할 거라고 생각했는데 관측 결과는 가속 팽창! 이게 사실이라면 우주를 팽창시키는 뭔가 보이지 않는 에너지가 있다는 소리 아니겠어? 아인슈타인의 우주 상수 같은 그런 힘

말이야. 우주의 팽창을 돕는 에너지. 그런데 아직까지는 실체가 분명하지 않은 가상의 에너지이기 때문에 이 새로운 우주 상수를 '암흑 에너지'라고 부르고 있어. 지금까지의 이야기가 우리 우주의 현주소야.

암흑 에너지 dark energy 아직 실체가 분명하지 않은 가상의 에너지로 우주 팽창을 가속화한다고 추정.

나의 역사는 그 필름을 거꾸로 돌리면 거시적인 세계로 확장되어 간다. '나' 한 사람을 존재하게 한 부모, 또 그 부모의 부모……. 이렇게 거슬러 올라가다 보면 최초의 생명의 탄생을 만나고, 생명이 탄생한 지구를 만나고, 지구가 속한 태양계를 만나고, 수많은 천체들과 보이지 않는 물질들을 안고 팽창하는 우주를 만나고, 팽창 이전의 우주를 만난다.

이제 이 태초의 우주에서부터 시작되었을 필름을 돌리면 현재의 나를 만난다. 다시 현재의 나로 돌아오면 이제는 앞으로의 우주도 만나야 한다.

우주의 현주소는 보이지 않는 것들로 꽉 찬 세상이다. 누군가의 말처럼 가느다란 끈으로 되어 있어서, 그 끈이 진동하는 대로 이후의 삶의 방향이 결정되는 세상에 살고 있는지도 모른다. 보이지 않는 것들의 세계가 보이는 것들의 세계보다 더 중요한 우주는, 앞으로도 더 꼬치꼬치 캐물어야 할 수많은 질문들과 저 너머에 있다는 진리의 요람이 될 것이다. 그리고 사람은 생명과, 지구와 달과, 태양과 우주 안에서 끊임없이 '돌아가는 이치', 또는 '섭리'를 찾아 수수께끼를 풀어 가고 있을 것이다.

534 C2 13 127 36 31 4 17 21 41

DOUGLAS 109 293 5 37 BIRLSTONE 26 BIRLSTONE 9 47 171

단편 소설을 읽다가 잊고 있던 셜록 홈즈의 암호문 하나를 만났다. 저 숫자들이 의미를 가지려면 이 암호문을 풀어야 한다. 세계도 암호로 구성되어 있다. 세계를 구성하는 암호들을 풀어내 알리는 것. 이제 인간이 할 일이다. 인간이 스스로 지구 온난화, 생태계 파괴의 주범으로 낙인찍혀 암울한 미래 세상을 향해 달려가지 않기 위해 과학과 인간의 대화는 끊임없이 계속되어야 한다.

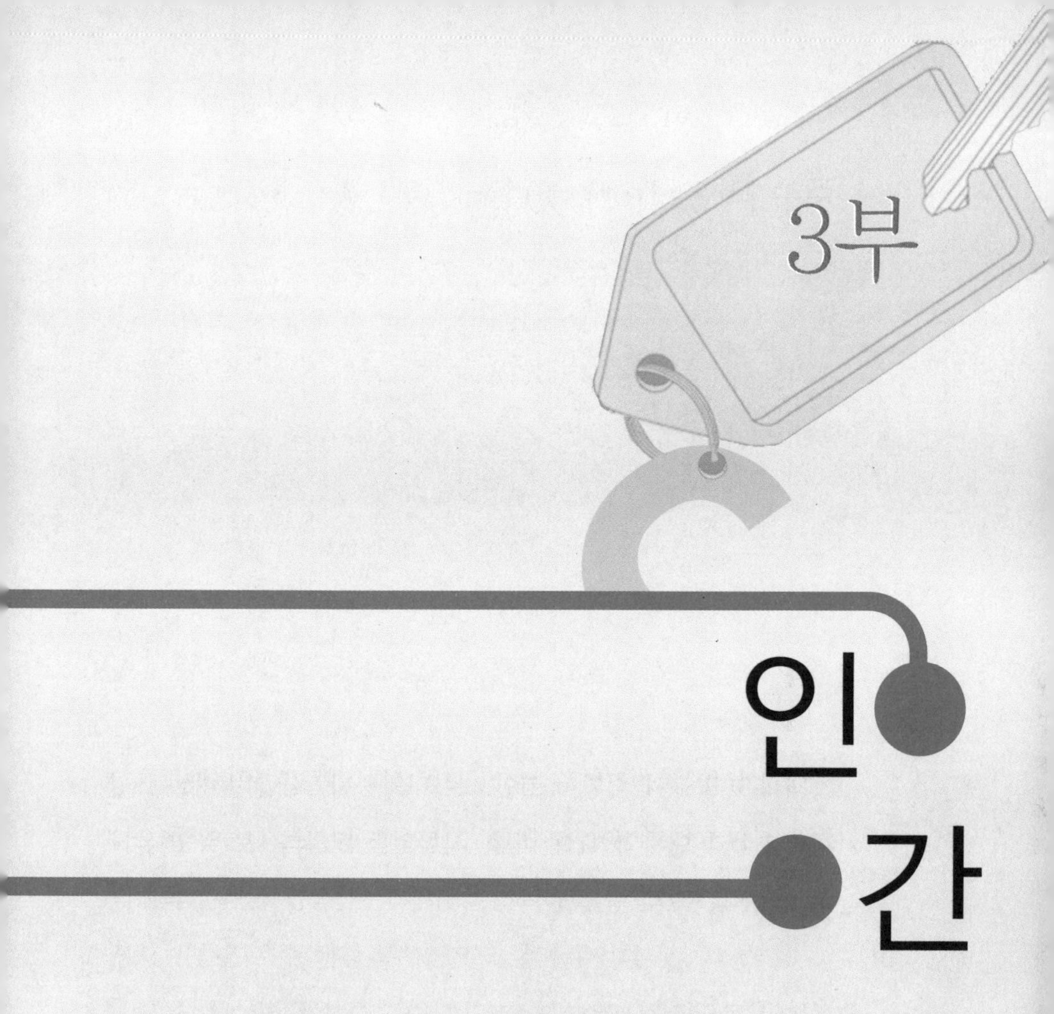


# 인간

# 진실은 저 너머에 있다

과학 기말고사 시험이 코앞으로 다가왔다. 시험 범위는 12단원 〈과학과 인간의 대화〉이다. 시험지를 받았다. 모두 열 문제다. 과연 잘 풀 수 있을까?

과학 오디세이 17 Odyssey

**과학 기말고사**

**이름:** ________________

1. 당신을 지겹게 따라다니는 사람이 있다. 이 사람에게 당신이 할 수 있는 말로 가장 적절한 것은?

   ① 꺼져.

② 따라올 테면 따라와 봐.

③ 너는 지금 스펙트럼의 적색 편이를 보이고 있구나.

④ 너는 왜 지구의 위성인 달처럼 내 뒤를 졸졸 따라다니는 거니?

⑤ 너는 마치 태양처럼 내 곁에 떠 있구나. 따가워서 선글라스를 끼고 싶게 만들어.

2. 예전에는 당신과 가까웠던 사람이었는데 지금은 사이가 멀어졌다. 한번 사이가 멀어지고 나니 갈수록 더 빨리 멀어지고 말았다. 이때 당신이 할 수 있는 말로 가장 적절한 것은?

① 내가 네 아버지다.

② 사랑이 어떻게 변하니?

③ 나 보기가 역겨워 가실 때에는 말없이 고이 보내 드리오리다.

④ 지금 그 사람 이름은 잊었지만 그 눈동자, 입술은 내 가슴에 있네.

⑤ 너는 지구에서 멀리 떨어진 은하가 가까운 은하보다 더 빨리 멀어지는 방식으로 내게서 멀어져 갔지.

3. 당신은 지금 어떤 사람에게 반했다. 이제 그 사람에게 고백을 하려고 하는데 이때 당신이 할 수 있는 말로 가장 적절한 것은?

① 당신은 마치 코아세르베이트처럼 생겼군요.

② 내 원심력으로 이 상황에서 벗어나고 싶습니다.

③ 임은 갔지마는 나는 임을 보내지 아니 하였습니다.

④ 당신의 중력이 저를 당신에게로 잡아끌고 있어요. 저는 이 중력에 저항할 수 없습니다.

⑤ 지구와 화성 사이의 궤도를 따라 도는 찻집을 아는데 거기에서 차 한 잔 하시겠습니까?

4. 한 사람이 소파에 앉아 있는데 소파가 움푹 패였다. 이때 당신이 할 수 있는 말로 가장 적절한 것은?

① 이것은 소리 없는 아우성.

② 이 소파는 물소 가죽으로 만든 건가요?

③ 코리올리 효과를 여기에서 볼 줄은 몰랐습니다.

④ 이 소파를 사실 게 아니라면 일어나 주시겠어요?

⑤ 당신은 이 소파의 시공간을 휘게 하는 자질이 있군요.

5. 당신이 가게에 들어갔는데 갑자기 정전이 되었다. 이때 당신이 할 수 있는 말로 가장 적절한 것은?

① 이런, 여기는 가게인가?

② 이런, 여기는 완전히 시티홀이군.

③ 이런, 여기는 완전히 블랙홀이군.

④ 이런, 여기는 완전히 화이트홀이군.

⑤ 이런, 여기는 눈 먼 자들의 도시인가?

6. 방귀만 뿡뿡거리는 당신에게 누군가가 '먼지만도 못한 존재'

라고 했다. 이때 당신이 할 수 있는 말로 가장 적절한 것은?

① 이렇게 큰 먼지 봤어?

② 스물세 해 동안 나를 키운 건 팔 할이 바람이다.

③ 그런 말을 하는 너는 시아노 박테리아 같은 존재야.

④ 우주의 모든 별들도 먼지와 가스에서 탄생했답니다.

⑤ 너는 이제 날아다니는 스파게티 괴물에게 잡혀갈 거야.

7. 스타가 되고 싶어 하는 아들에게 엄마가 할 수 있는 말로 가장 적절한 것은?

① 의사가 되어라.

② 과학자가 되어라.

③ 너 언제 정신 차릴래?

④ 별을 노래하는 마음으로 모든 죽어 가는 것을 사랑해야지.

⑤ 핵융합으로 스스로 빛을 낼 수 있을 때 비로소 스타가 되는 거란다.

8. 다이어트로 몰라보게 날씬해진 친구에게 당신이 할 수 있는 말로 가장 적절한 것은?

① 몰라보고 그냥 지나간다.

② 박제가 되어 버린 천재를 아시오?

③ 날씬한 여자만 인정받는 이 더러운 세상!

④ 암흑 에너지가 너를 다시 팽창하게 할 거야.

⑤ 정상 체중의 임계 밀도에 훨씬 못 미치는 질량 밀도를 갖게 되었구나.

9. 같은 반 친구들의 모임에서 따돌림을 당했다. 이때 당신이 할 수 있는 말로 가장 적절한 것은?

① 이거 몰래 카메라야?

② 난 이제 태양 같은 존재군.

③ 빼앗긴 들에도 봄은 오는가.

④ 난 이제 왜소 행성 134340이 되었어.

⑤ 이 지구에 있는 것보다는 화성에 가서 최초의 화성인이 되는 게 낫겠어.

10. 길을 가다 무언가에 걸린 것처럼 넘어져 민망해진 당신이 할 수 있는 말로 가장 적절한 것은?

① 상처엔 마데카솔.

② 세상에 이런 일이.

③ 쇠는 두드릴수록 강해집니다.

④ 이 길에는 암흑 물질이 있는 모양입니다.

⑤ 이런 일은 빅뱅 이후 처음 있는 일입니다.

〈과학과 인간의 대화〉 시험 문제는 황당했다. 하지만 최선을 다해 풀었다. 식은땀까지 흘려 가며 최선을 다해 주어진 10분 동안 문제를 풀고 나오는데 곰은 벌써 나와 있다.

"8번은 너무 헷갈리더라. 답이 뭐야?"

곰은 말없이 시험지를 내밀었다.

**과학 기말고사**

**이름: 곰**

1. 당신을 지겹게 따라다니는 사람이 있다. 이 사람에게 당신이 할 수 있는 말로 가장 적절한 것은?

   ① 꺼져. → 교육적이지 않음.

   ② 따라올 테면 따라와 봐. → 거만해 보임.

   ③ 너는 지금 스펙트럼의 적색 편이를 보이고 있구나. → 멀어진다는 뜻임.

   ④ (V) 너는 왜 지구의 위성인 달처럼 내 뒤를 졸졸 따라다니는 거니? → 달은 지구 주변을 돌고 있기 때문에 적절함.

   ⑤ 너는 마치 태양처럼 내 곁에 떠 있구나. 따가워서 선글라스를 끼고 싶게 만들어.

   →태양은 항성인 데다 '너'가 태양이면 '나'가 따라다니는 상황이 되므로 부적절한 표현임.

2. 예전에는 당신과 가까웠던 사람이었는데 지금은 사이가 멀어졌다. 한번 사이가 멀어지고 나니 갈수록 더 빨리 멀어지고 말았다. 이때 당신이 할 수 있는 말로 가장 적절한 것은?

① 내가 네 아버지다. → 영화 〈스타워즈〉에서 다스베이더가 주인공에게 한 충격적인 대사.

② 사랑이 어떻게 변하니? → 영화 〈봄날은 간다〉에 나오는 대사.

③ 나 보기가 역겨워 가실 때에는 말없이 고이 보내 드리오리다.
→ 김소월의 시 〈진달래꽃〉 중.

④ 지금 그 사람 이름은 잊었지만 그 눈동자, 입술은 내 가슴에 있네. →박인환의 시 〈세월이 가면〉 중. 대중가요로도 있음.

⑤ 너는 지구에서 멀리 떨어진 은하가 가까운 은하보다 더 빨리 멀어지는 방식으로 내게서 멀어져 갔지.
→ 스펙트럼의 적색 편이로 허블이 확인함. 가장 적절함.

3. 당신은 지금 어떤 사람에게 반했다. 이제 그 사람에게 고백을 하려고 하는데 이때 당신이 할 수 있는 말로 가장 적절한 것은?

① 당신은 마치 코아세르베이트처럼 생겼군요.
→ 초기 생명체라 인간의 형태가 아님.

② 내 원심력으로 이 상황에서 벗어나고 싶습니다.
→ 달아나겠다는 의미가 될 수 있어서 오답임.

③ 임은 갔지마는 나는 임을 보내지 아니 하였습니다.

→ 한용운의 시 〈임의 침묵〉 중.

④ 당신의 중력이 저를 당신에게로 잡아끌고 있어요. 저는 이 중력에 저항할 수 없습니다.

→ 중력처럼 당신의 미모가 나를 끌어당긴다는 의미로 해석되므로 적절함.

⑤ 지구와 화성 사이의 궤도를 따라 도는 찻집을 아는데 거기에서 차 한 잔 하시겠습니까? → 존재 여부가 불투명한 찻집임.

4. 한 사람이 소파에 앉아 있는데 소파가 움푹 패였다. 이때 당신이 할 수 있는 말로 가장 적절한 것은?

① 이것은 소리 없는 아우성

→ 유치환의 시 〈깃발〉 중. 역설적 표현을 물을 때 많이 인용됨.

② 이 소파는 물소 가죽으로 만든 건가요?

→ 물소 가죽 소파는 고급으로 알려져 있음.

③ 코리올리 효과를 여기에서 볼 줄은 몰랐습니다.

→ 지구 자전으로 생기는 현상임.

④ 이 소파를 사실 게 아니라면 일어나 주시겠어요?

→ 손님에 대한 예의에 어긋남.

⑤ 당신은 이 소파의 시공간을 휘게 하는 자질이 있군요.

→ 무게로 인해 생기는 만곡 현상이므로 적절함.

5. 당신이 가게에 들어갔는데 갑자기 정전이 되었다. 이때 당신

이 할 수 있는 말로 가장 적절한 것은?

① 이런, 여기는 가게인가? → 멍청하게 들림.

② 이런, 여기는 완전히 시티홀이군. → 시티홀은 시청임.

✔③ 이런, 여기는 완전히 블랙홀이군.

→ 블랙홀은 빛까지 흡수하므로 적절함.

④ 이런, 여기는 완전히 화이트홀이군. → 블랙홀의 반대 개념임.

⑤ 이런, 여기는 눈 먼 자들의 도시인가?

→ '눈 먼 자들의 도시' 는 소설 제목임.

6. 방귀만 뿡뿡거리는 당신에게 누군가가 '먼지만도 못한 존재' 라고 했다. 이때 당신이 할 수 있는 말로 가장 적절한 것은?

① 이렇게 큰 먼지 봤어? → 이렇게 큰 먼지, 있을 수 있음.

② 스물 세 해 동안 나를 키운 건 팔 할이 바람이다.

→ 서정주의 시 〈자화상〉 중.

③ 그런 말을 하는 너는 시아노 박테리아 같은 존재야.

→ 지구에 산소를 공급한 중요한 존재임.

✔④ 우주의 모든 별들도 먼지와 가스에서 탄생했답니다.

→ 먼지의 중요성을 우주의 별들에서 찾아냄으로써 자신의 존재를 부각시킬 수 있는 적절한 표현임.

⑤ 너는 이제 날아다니는 스파게티 괴물에게 잡혀갈 거야.

→ 마음은 이해하지만 유치한 발언임.

7. 스타가 되고 싶어 하는 아들에게 엄마가 할 수 있는 말로 가장 적절한 것은?

① 의사가 되어라. → 그렇게 쉬운 일이 아님.

② 과학자가 되어라. → 역시 그렇게 쉬운 일이 아님.

③ 너 언제 정신 차릴래? → 심정은 이해하나 교육적이지 않음.

④ 별을 노래하는 마음으로 모든 죽어 가는 것을 사랑해야지.
→ 윤동주의 시 〈서시〉 중.

⑤ 핵융합으로 스스로 빛을 낼 수 있을 때 비로소 스타가 되는 거란다. → 엄마의 과학 지식이 드러나는 표현으로 이 상황에 가장 적절함.

8. 다이어트로 몰라보게 날씬해진 친구에게 당신이 할 수 있는 말로 가장 적절한 것은?

① 몰라보고 그냥 지나간다. → 그럴 수 있으나 대화가 아님.

② 박제가 되어 버린 천재를 아시오? → 이상의 소설 〈날개〉 중.

③ 날씬한 여자만 인정받는 이 더러운 세상! → 동감하지만 스스로 비참해질 수 있음.

④ 암흑 에너지가 너를 다시 팽창하게 할 거야. → 저주성 발언으로 친구를 잃을 수 있음.

⑤ 정상 체중의 임계 밀도에 훨씬 못 미치는 질량 밀도를 갖게 되었구나.
→ 가벼워졌다는 의미이므로 적절함.

9. 같은 반 친구들의 모임에서 따돌림을 당했다. 이때 당신이 할 수 있는 말로 가장 적절한 것은?

① 이거 몰래 카메라야? → **현실도피성 발언임.**

② 난 이제 태양 같은 존재군. → **태양은 따르는 행성들이 많으므로 부적절한 표현임.**

③ 빼앗긴 들에도 봄은 오는가. → **이상화의 시 〈빼앗긴 들에도 봄은 오는가〉 중.**

④ 난 이제 왜소 행성 134340이 되었어.
→ **태양계에서 쫓겨난 명왕성을 의미하므로 이 상황에 적절함.**

⑤ 이 지구에 있는 것보다는 화성에 가서 최초의 화성인이 되는 게 낫겠어. → **지구의 문제는 지구에서 해결하는 게 바람직함.**

10. 길을 가다 무언가에 걸린 것처럼 넘어져 민망해진 당신이 할 수 있는 말로 가장 적절한 것은?

① 상처엔 마데카솔. → **상품 광고가 될 수 있는 표현임.**

② 세상에 이런 일이. → **모 방송국 프로그램처럼 들림.**

③ 쇠는 두드릴수록 강해집니다.
→ **넘어진다고 강해질 것 같지는 않음.**

④ 이 길에는 암흑 물질이 있는 모양입니다.
→ **안 보이는 뭔가에 걸려 넘어졌다는 의미로 해석할 수 있으므로 적절함.**

⑤ 이런 일은 빅뱅 이후 처음 있는 일입니다. → **거짓말일 가능성이 큼.**

우와, 난 8번에 4번이라고 했는데. 당신은 100점인 거야?

그런 것은 중요하지 않아. 문제의 답도 시대에 따라 달라질 수도 있고. 우리가 진짜 풀어야 할 문제는 이런 문제가 아니야.

## 지구 온난화

우리가 진짜 풀어야 할 문제들은 그럼 어떤 문제들일까? 일단 내가 아는 문제들을 다 대보기로 했다. 내 진짜 문제는 뭐가 문제인지 잘 모른다는 데 있기는 하지만 말이다.

그럼 어떤 문제를 풀어야 하는데? 지구 온난화?

지구 온난화는 말 그대로 지구의 평균 기온이 상승하는 현상이지. 온난화의 원인은 아직 정확하게 밝혀지지는 않았지만, 온실 가스의 증가로 인한 온실 효과를 많이 지적하고는 해. 태양열이 지표면에 도달했다가 다시 빠져나가야 되는데, 대기 중에 온실 가스가 많으면 대부분 다시 흡수되거든. 열을 가두게 되니까 온실처럼 기온이 올라가는 거지. 물론 적당한 온실 가스는 태양의 열을 잡아 두니까 우리가 필요로 하는 온도를 유지해 줄 수 있어.

그런데 산업 혁명 이후를 생각해 봐. 화석 연료의 사용이 늘어나면서 이산화탄소 같은 온실 가스의 양도 덩달아 늘어난 거지. 인위적으로 이산화탄소의 양이 급증하면 그만큼 늘어난 이산화탄소는 태양열을 너무 가두게 되니까 지구 온난화 현상이 생긴다, 뭐 그렇게 보는 거야. 하지만 오늘날 이 이상한 기후 변화가 온실 가스 때문인지에 대해서는 아직 논란이 많아. 온실 가스의 증가가 지구의 평균 기온 상승에 어느 정도 영향을 주는지에 대해 과학적 증명이 어렵거든.

그래도 대기 중에 온실 가스의 농도가 심각하게 증가하고 있는 것은 사실이니까 1997년에는 교토 의정서를 체결했어. 말하자면 이산화탄소, 메탄, 아산화질소, 수소화불화탄소, 불화탄소, 불화유황을 여섯 가지 온실 가스로 규정하고 각국의 온실 가스 배출량을 줄이자는 거였지. 하지만 미국처럼 온실 가스를 많이 배출하는 나라는 빠지는 바람에 아직 갈 길이 멀어.

교토 의정서 1997년 일본 교토에서 개최된 기후 변화 협약. 제3차 당사국 총회에서 채택된 기후 변화 협약에 따른 온실 가스 감축 목표에 관한 의정서.

여하튼 '기후 변화에 관한 정부간 패널(IPCC)'이라는 국제기구에서는 19세기 후반 이후 지구의 연평균 기온이 0.7도(℃) 정도 상승했고, 2100년에는 3~4도(℃) 정도 상승할 거라고 발표했는데, 이게 엄청난 거지.

1도(℃) 올라가는 게 뭐 별거냐고? 별거거든. 지금보다 평균 기온이 5도(℃) 정도 낮은 지구를 알아? 그게 한 15,000년 전이거든. 그때는 얼음에 뒤덮여 있었다고 한다면, 5도(℃) 정도 높은 평균 기온이 되면 어떻게 될지 상상이 가시나? 북극의 얼음이 녹고, 해수면이 상승하면 물에 잠기는 나라도 생길 거고, 극심한 가뭄은 사막화를 가져올 거고, 아마존의 열대 우림은 말라 버리겠지.

영화 〈투모로우〉 같은 걸 보면 지구 온난화가 문제가 되어서 지구에 빙하기가 온다는 이야기를 하고 있잖아. 지구가 더워져서 빙하가 녹는 것은 이해가 되거든. 그런데 왜 더워지는데 빙하기가 온다는 거지?

해양 대류의 순환이 붕괴되면 그런 일이 가능할 수도 있어. 해류는 지구 전체의 온도를 높은 곳에서 낮은 곳으로, 낮은 곳에서 높은 곳으로 이동시키는 역할을 해. 만약 해류가 이동하지 못한다면 온도 조절 능력을 잃어버릴 수도 있거든.

자, 생각해 봐. 적도 지방의 따뜻한 해류가 북극 지방에 와서 빙하와 만나면 차가워지겠지. 차가워진 물은 밀도가 높아져서 가라앉고, 이때 대양에서는 대류 현상이 일어나. 대류 현상이 뭔지 모르지? 그럴 줄 알았어. 주전자에 물을 끓인다고 생각해 봐. 아랫부분의 물이 뜨거워지면 밀도가 낮아져서 위로 올라가고, 그러면 윗부분의 물은 아래로 내려오게 되는데 그런 게 바로 대류 현상이야.

지구 온난화

그런데 온난화로 북극 지방의 빙하가 녹고 수온이 올라가면 적도에서 올라온 따뜻한 물과의 온도 차가 약해지겠지. 그럼 대류 현상도 약해질 거고. 그러다가 결국 따뜻한 해류가 더 이상 흘러 들어오지 못하게 되면 북극 지방은 급속하게 추워질 거고, 적도 지방은 더워지면서 사막이 늘어나겠지. 이렇게 되면 영화에서처럼 지구 온난화가 빙하기를 가져올지도 모른다는 거지.

지구 온난화는 여러모로 끔찍한 일을 만들 수도 있겠네.

독일의 기후 변화 연구 기관인 포츠담 연구소의 한 박사는 지구 온난화로 인해 지구가 더워지면 어떤 일이 생길지를 예측한 '온난화 재앙 시간표'를 발표하기도 했어. 현재 지구의 온도는 산업 혁명 이전보다 0.7도(℃) 오른 상태인데, 지금으로부터 약 25년 뒤에는 지구 온도가 1도(℃) 상승할 거라고 해. 그렇게 되면 오스트레일리아 토착 식물들, 열대 고원의 숲, 남아프리카 건조 지대에 사는 식물 등이 위협을 받기 시작하고, 개발도상국 중 일부는 식량 생산이 줄고 물 부족도 심각해진다고 보고 있어.

지구 온도가 2도(℃) 오르는 2050년이 되면 북극의 빙하가 많이 녹아 북극곰과 해마가 생존에 위협을 받게 되고, 열대 산호초들이 하얗게 죽어 가는 백화 현상이 더 자주 일어난다지. 또 지중해 지역은 잦은 산불과 극심한 병충해에 시달리게 된다고도 해. 미국은 강물의 온도가 올라가서 송어나 연어가 살 수 없게 되고. 8천 종 이상의 토종 꽃들이 자라는 남아프리카 핀보스 지역은 그 꽃의 종류가 줄어들고, 중국의 넓은 숲도 사라지기 시작할 거래. 그리고 더 많은 사람들이 기아로 허덕이고, 15억 명 이상이 물 부족에 직면할 거라고 해.

숨 좀 쉬어 가면서 말해.

후~. 이번엔 1도(℃) 더 올려 볼까? 3도(℃) 오를 것으로 보이는 2070년이 되면 그 재앙의 골은 더 깊어지지. 아마존 열대 우림은 철저히 파괴되고, 고산 지대 식물은 완전히 사라지고……. 아까 말한 핀보스 지역의 꽃들도 거의 다 사라지고, 중국 숲도 엄청난 손실을 입고. 30억 명 이상이 물 부족에 시달리고. 그러니까 이 지구에 사는 모든 생명체들의 생존 자체가 불투명해지는 거지.

기후 변화가 그렇게까지 엄청난 결과를 불러올 거라고는 생각 못했어.

예전에는 전쟁이나 정치적 상황이 난민을 만들었다면 이제는 기후가 난민을 만들고 있어. 기후 난민. 대멸종의 날이 올지도 모르지. 기후로 인한 파국. 지구 온난화도 우리가 풀어야 할 문제야. 하지만 내가 말한 문제는 그것만은 아니야.

### 지구 온난화가 성냥팔이 소녀에게 끼치는 영향에 대해서

엄마, 여기는 따뜻해요. 걱정하지 마세요. 잘 지내고 있어요.

엄마, 여기는 따뜻해요. 온실 같아요, 엄마. 걱정하지 마세요.

엄마, 여기는 따뜻해요. 자꾸 목이 말라요, 엄마.

엄마, 여기는 따뜻해요. 내 몸이 녹고 있어요, 엄마.

엄마, 여기는 따뜻해요. 내 몸이 갈라지고 있어요, 엄마.

엄마, 여기는 따뜻해요. 꽃과 나무들은 자꾸 사라져 가요. 외로워요, 엄마.

엄마, 여기는 따뜻해요. 배가 고파요, 엄마. 엄마, 따뜻한 게 싫어요, 엄마.

엄마, 여기는 따뜻해요. 내 마음은 추워요, 엄마. 보고 싶어요, 엄마.

엄마, 여기는 따뜻해요. 엄마, 엄마. 자꾸 눈물이 나요. 나는 너무 아파요, 엄마.

엄마, 여기는 따뜻해요. 엄마, 엄마. 나는 너무 무서워요, 엄마.

엄마, 여기는 따뜻해요. 엄마, 엄마, 엄마. 나는 살고 싶어요, 엄마.

## 생태계의 파괴

우리가 풀어야 할 또다른 문제라……. 생태계 파괴, 멸종 생물의 증가, 뭐 이런 거?

심각하기는 하지. 노아의 방주 알지? 대홍수를 대비하기 위한 그 거대한 방주. 그 방주에 올라탄 것은 사람만이 아니잖아? 그럼 개나 고양이, 소나 양, 말같이 인간과 친숙하거나 눈에 보이는 이득을 주는 동물들만 태웠나? 그것도 아니지. 이 지구상에 있는 모든 생물종 한 쌍씩 다 태웠어. 막말로 개나 소나 다 태운 거야. 왜 그랬을까? 바퀴벌레 같은 것은 굳이 태울 필요가 없지 않았을까? 당신에게는 유감일지 몰라도 아니거든.

다양한 생물이 존재하는 것은 모두 다 그 나름의 존재의 이유가 있는 법이야. 과학 시간에 배운 먹이 사슬, 물의 순환, 유기 물질의 순환, 식물의 광합성 등등 모든 것들에 미생물부터 인간까지 모든 생물들이 관계되어 있어. 생태계와 그 안의 생물들이 다양하다는 것은 삶의 다양성과 균형을 만들어 내. 벽돌로 지은 집에서 작은 벽돌 하나 빼면 그 집은 안전할까? 처음엔 뭐 별 무리가 없어 보일지 모르지만 곧 균열이 가고, 세월이 지나면 무너질지도 모르지. 카드로 지은 집이라면 카드 한 장이 흔들리는 순간 바로 무너질 테고 말이지.

모든 것들은 눈에 보이지 않는 실로 연결되어 있어서 하나가 흔들리면 바로 연쇄 반응으로 나타나기 마련이야. 도미노 현상처럼 말이지. 그런데 이런 생태계와 다양한 생물들이 토지 개간, 환경 훼손, 벌목, 개발 등의 이름으로 파괴되고, 지구 온난화로 인한 기후 변화로 파괴되고 있어. 결국 또 인간의 손을 탔기 때문이지.

지구에서 대멸종의 시기는 다섯 번 있었다고 해. 그 시기마다 생물 종의 95퍼센트(%) 정도가 멸종하고, 또 새로운 종이 나타났다고 하지. 그런데 인간들이 등장하면서 이전의 자연적인 멸종보다 빠른 속도로 생물의 다양성이 사라지고, 생태계가 파괴되고, 멸종 생물이 증가하고 있어. 인간에 의한 인위적인 멸종이 가속화 되는 셈이지. 우리가 먹고살겠다고 무언가 다른 생물이 먹고사는 것을 훼손하는 거야. 그 결과는 고스란히 인간에게 돌아올 텐데 말이지. 국제 자연 보호 연맹이 작성한 멸종 위기 생물 목록이 라고 할 수 있는 '레드 리스트'를 보면 그 수가 1만 종이 넘는다고 해. 20세기 동안에만 219종이 멸종되었고.
열대 원시림이 지역 개발, 발전, 뭐 이런 이름으로 사라진다고 해 봐. 숲만 사라지는 게 아니지. 그 숲 덕분에 유지되던 생물 다양성도 사라지는 거야. 그뿐인가. 열대 원시림은 이산화탄소를 흡수해서 이산화탄소의 농도를 막아 주는 '탄소 우물' 역할을 해. 그런데 이 탄소 우물을 인간의 손으로 묻어 버리는 게 되겠지. 아마존 지역이 이미 벌목으로 파괴되고 있으니 아마존이 눈물을 흘릴 만도 해. 1992년에 리우 환경 정상 회의에서 생물의 다양성에 대한 논의가 시작되기는 했지만, 역시 아직 갈 길이 멀어.
열대 원시림까지 멀리 갈 것도 없이 꿀벌만 생각해도 생태계의 파괴나 어느 하나의 종이 사라진다는 것이 어떤 결과를 불러오는지를 알 수 있어. 당신한테 꿀벌은 어떤 의미야?

나에게 꿀벌은……음, 꿀과 벌침?

그 이상이어야 해. 꿀벌은 당신 생명의 의미야. 꿀벌은 꽃들과 꽃들 사이를 날아다니면서 꽃가루를 옮겨서 수분을 돕잖아. 그런데 80퍼센트(%) 정도의 식물들이 이 꿀벌에 의존해서 수분이 가능하다고 해. 그러니 꿀벌들이 없으면 식물들은 열매를 맺을 수가 없겠지. 그렇게 식물들이 사라지면 역시나 연쇄 반응이 일어나는 거야. 그렇게 되면 이 도미노의 끝자락에 있는 인간까지 그 영향을 받는 거지. 아인슈타인은 꿀벌이 사라지면 인류도 4년 이내에 사라질 거라고 말했어.

아, 꿀벌이 사라지면 꿀만 못 먹는 게 아니었구나. 그러고 보니 애니메이션 〈꿀벌 대소동〉에도 그런 이야기가 나왔었어. 꿀벌들이 파업을 하니까 식물들이 다 말라죽고, 자연이 황폐해지고, 뭐 그런 이야기.

영화 〈꿀벌 대소동〉

어느 다큐멘터리에서 꿀벌에 대한 이야기를 다루었는데, 그 제목이 기가 막혀. 〈하늘이 벌 주셨네〉라지, 아마. 자연은 인간에게 곤충인 '벌'을 주어 생명을 만들어 냈어. 그런데 인간과 인간이 만든 환경이 벌을 사라지게 하면 자연은 이제 죄와 벌의 의미로서 '벌'을 준다는 뜻이겠지.

인간이 한 일이 어디 그뿐인가. 인간에 의해 서식지가 파괴되는 것도 큰 문제 중의 하나야. 도시에 멧돼지의 출현이 잦은 것도 서식지를 앗아간 인간들 때문에 생긴 한 현상이라고 해. 우리나라에서도 골프장 건립 같은 이유로 숲을 없앤 지역에서 멧돼지의 도시 출몰이 잦다고 하더군. 인간 때문에 서식지를 잃은 동물들이 인간에게 쫓겨나 인간의 공간으로 들어서고, 여기에서도 쫓겨나고 있어.

독일의 어떤 사람은 멧돼지의 피해를 어떻게 막은지 알아? 멧돼지를 위한 공간을 따로 마련해 준 거야. 그렇게 하니까 멧돼지는 그 영역에서 그들의 삶을 살아가고 인간의 영역으로 침범하지 않더라는 거지.
어느 프로그램에서인가 우리나라에서도 산에 사는 노부부가 멧돼지와 공존하는 모습을 보여 준 적이 있어. 그 할아버지가 멧돼지든 사람이든 모두 다 생명의 다른 이름이라고 말씀하시더군. 모두 다 생명이라는 관점에서 자연의 균형을 깨뜨리지 않으면서 인간의 영역을 유지할 필요가 있어. 인간이 이기적인 동물이라면 조금 더 영악하게 이기적이어야 해. 우리들이 제대로 살아가기 위해서는 공존을 놓치면 안 되니까.
여하튼 생태계 파괴와 멸종 생물의 문제도 풀어야 할 문제지만, 내가 말한 문제는 또 그것만은 아니야.

## 사라진 목요일의 아이는 어디로 갔을까

목요일의 아이. 목요일에 태어난 아이는 먼 길을 떠난다고 했다.

수요일의 아이. 수요일에 태어난 아이는 슬픔으로 가득하다고 했다.

"어디, 어디로 떠나니?"

"내 의지가 아니야. 떠밀려 가는 거지."

목요일의 아이, 길을 떠난다.

수요일의 아이, 슬픔에 잠긴다.

목요일의 아이야, 어디로 가니?

사라진 나무들은 어디로 갔니?

사라진 멧돼지들은 어디로 갔니?

사라진 많은 생명들이 들려주던 이야기들은 어디로 갔니?

목요일의 아이야, 너는 어디로 사라지고 있니?

# 인간 복제와 인간 존엄성의 문제

그럼 이런 건 어때? 인간 복제와 존엄성의 문제? 과학의 발전 앞에서 인간이 인간일 수 있는 조건은 무엇인가 하는?

인간 복제는 뜨거운 감자야. 김C 생각하지? 아님 됐고. 복제를 어떻게 하는지는 알아? 복사기로 하는 게 아니거든. 일단 수정란을 분할해서 복제하는 방법이 있어. 난자의 핵과 정자의 핵이 결합해서 수정이 되면 세포 분열을 시작해. 수정란이 여덟 개의 세포로 분할되는 8세포기까지의 세포들은 각각 완전한 하나의 개체로 발생할 수 있다고 해. 전능한 세포지. 이 세포들을 분할해서 각각 자궁에 착상시키면 같은 유전자를 지닌 배아가 복제되는 거야. 여덟 쌍둥이의 탄생. 만약 서로 다른 여덟 명의 여자에게 착상을 시킨다면 엄마는 다 다른데 아이들은 쌍둥이가 되겠지.

그런데 부모에게 유전성 질병 같은 게 있다거나 할 때는 어떻게 할까? 이 배아 세포의 유전자를 검사해서 건강한 유전자를 지닌 배아만을 골라 착상시키는 '착상 전 유전자 진단법'이라는 게 있어. 이제 윤리적 문제에 부딪히게 돼. 건강한 아이는 태어날지 몰라도 뭔가 결함이 있는 아이는 태어나지 못할 수도 있으니까. 물론 유전적인 질병이 있다거나 하는 이유로 임신이 어려운 부모들에게는 고마운 일이겠지. 수정란을 분할해서 배아를 복제해 임신을 가능하게 하니까 말이야.

착상 전 유전자 진단법 배아 세포의 유전자를 검사해서 건강한 유전자를 지닌 배아를 착상시키는 배아 선별 검사.

하지만 착상 전 유전자 진단법으로 건강한 유전자를 지닌 배아만 살리고 그렇지 못한 배아는 버린다면, 그건 분명히 윤리적인 문제를 일으키게 돼. 유전자를 진단해서 건강한 배아만 착상시킨다면 나머지 배아는 어떻게 되는 거지? 그냥 버려져도 괜찮은 걸까? 당신이 과학적인 면으로는 바보라고 유전자 진단 결과가 나왔다고 해서 태어나지조차 못해야 하는 걸까? 배아를 '인간'의 시작으로 봐야 할지 아닐지는 어려운 문제지만, 어쩌면 그 배아들도 인간으로 태어나 성장할 수 있는 잠재적 인간인 건 아닐까? 그런데도 건강한 유전자를 지닌 배아만 착상하고 나머지 배아는 처분해 버린다면……. 정말 괜찮은 걸까? 혹시 생명의 도구가 되는 건 아닐까?

그뿐이 아니야. 생물학자들은 착상 전에 유전자를 진단해서 결함이 있는 유전자를 교체할 수도 있다고 말해. 그렇게 되면 유전자 조작에 의해 장차 완벽해질 아이만을 만들 수 있게 되겠지. 신체적으로 건강해서 임신에 아무런 문제가 없는 사람들이 재력까지 갖추고 있다면, '완벽한 유전자'를 지닌 아이를 위해 유전자 조작을 할지도 모르고. 그렇지 않더라도 자신의 아이가 완벽한 아이이기를 원하지 않는 부모는 없을 테니 이왕이면 장동건, 김태희 같은 외모에 머리도 좋고 운동도 잘하고 예술적인 감각도 있고……. 한마디로 팔방미인이길 바라지 않겠어? 그 꿈이 유전자 조작으로 이루어진다는데 굳이 마다할 사람이 글쎄, 많을까?

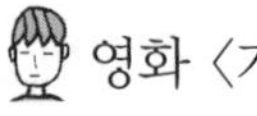
영화 〈가타카〉가 생각난다. 〈가타카〉를 보면 유전자 조작으로 완성된 '멋진 아이' 주드 로와 주어진 그대로 태어나 신체 조건이 떨어지는 '후진 아이' 에단 호크가 있잖아. 이 후진 아이는 후져서 원하는 직장에 들어가지도 못하게 돼. 우주 항공 회사인 가타카에 들어가 우주 비행사가 되고 싶어 하지만, 그의 유전자는 그가 부적격자라고 말하고 있어서 감히 꿈도 못 꾸지.

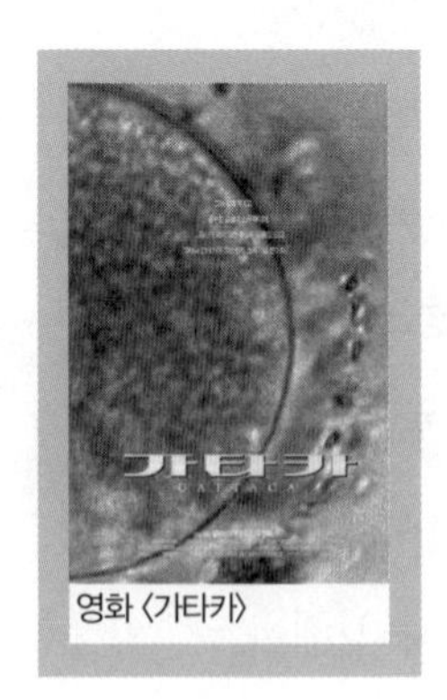

영화 〈가타카〉

어떤 유전자를 지니고 있는지가 그 사람이 우월한지 열등한지를 결정하고, 그 유전자에 의해 미래 사회에서의 직업, 성공이 결정되는 거야. 운명을 바꾸려는 인간의 노력, 몸이 아닌 인간의 정신이 만들어 내는 힘 같은 것은 안중에도 없어. 〈가타카〉에서 그려지는 미래 사회는 그야말로 유전자에 의한 신분 사회였잖아. 물론 영화에서는 이 '후진 아이'가 '유전자의 운명'을 인간의 노력과 의지로 극복해 내지만.

"하느님이 행하신 일을 보라, 하느님이 굽게 하신 것을 누가 능히 곧게 하겠느냐?" -전도서 7장 13절. 〈가타카〉에 인용된 구절이야. 〈가타카〉에서는 그 일을 유전자 조작으로 가능하게 한 거지.

수정란 분할을 이용한 배아 복제 이야기가 어쩌다 보니 〈가타카〉까지 왔네. 다시 본론으로 돌아가자고. 복제의 또 다른 방법으로는 체세포 복제 방법도 있어. 어른이 된 생물이 가지고 있는 세포인 성체 세포를 이용하는 식의 복제야. 그 유명한 복제양 돌리가 이렇게 복제되었지. 둘리 말고 돌리. 둘리는 '말하는 공룡'이고, 돌리는 '복제양'이야. 난자의 핵을 제거하고 거기에 성체 세포를 이식해서 수정란을 만드는 거지.

원래 난자의 염색체 n개와 정자의 염색체 n개가 만나 2n개의 염색체를 가진 수정란이 만들어지거든. 그런데 여기에서 난자의 핵을 제거하고 성체 세포에서 2n개의 염색체를 가진 핵을 추출하여, 인위적으로 2n개의 염색체를 가진 수정란을 만든 거지. 자연적으로는 난자와 정자가 만나 2n개의 염색체를 지닌 수정란이 만들어지지만 이 방법에서는 정자가 필요 없어. 2n개를 지닌 성체 세포의 핵을 이식하면 똑같이 2n개의 염색체가 들어 있는 수정란이 만들어지니까 말이야.

이 경우에도 똑같은 세포 분열이 일어나. 그리고 8세포기가 지나면 수정란은 태반이 되는 주변 세포와 배아가 되는 중심 세포로 분화해. 중심 세포에는 배아 줄기 세포가 있어서 나중에 신경 세포, 장기 세포 등으로 분화하지. 이 배아 줄기 세포를 배양해서 치료가 필요한 사람의 장기를 복제하는 데 쓰기도 하고. 그대로 인간 복제가 가능하기도 하지. 장기를 복제하기 위해 만든 배아 줄기 세포를 그대로 자궁에 착상하면 되니까, 이제는 인간이 '생명'까지도 만들어 낼 수 있게 된 거야.

치료를 위해 복제한다면 좋은 거 아니야?

글쎄, 과연 그럴까? 정말 치료를 위해 쓰인다면 좋은 일일까? 거부 반응이 없는 최상의 복제는 자기 자신의 줄기 세포를 이용하는 것이긴 해. 하지만 생각해 봐. 이 복제는 난자와 자신의 체세포만 있으면 돼. 정자도 필요 없어. 난자에 자신의 체세포를 이식하기만 하면 되니까 말이야. 그렇게 되면 말이지, 상황에 따라서는 난자를 제공할 사람이 필요하게 되지. 여기 죽어 가는 사람이 있고, 그 사람은 장기가 필요하다, 그런데 난자만 있으면 그 안에 그 사람의 체세포를 이식해서 배아 줄기 세포를 배양해 싱싱한 장기를 만들어 낼 수 있다, 그러면 그 사람은 살 수 있다……. 뭐 이렇게 되면 휴머니즘의 이름으로 자신의 난자를 제공하는 사람이 있을 수도 있겠지.

하지만 과연 선의를 가진 사람만 있을까? 경제적인 이유로 자신의 난자를 파는 사람은 없을까? 지금 우리 사회를 보면 분명히 장기 매매가 있잖아. 돈은 무궁무진하나 장기가 필요한 사람과 돈은 지지리 없으나 장기는 건강한 사람이 만나서 이루어지는 장기 매매가 휴머니즘에 입각한 일은 아니잖아? 그러니 어쩌면 난자를 사고파는 사회가 올지도 모르지. 누군가의 치료를 위해 난자를 제공할 수도 있겠지만, 돈을 벌 목적으로 난자를 제공하는 사람도 있을 거야. 중간에 브로커가 생겨나 거래를 할지도 모르지.

심지어는 자신의 건강을 너무 염려한 나머지, 나중에 필요할지도 모르는 자신의 장기를 제공할 태아를 만들어 낼지도 몰라. 인간으로서의 태아가 아니라 장기 기증자로서의

태아. '인간'으로 자라나는 태아가 아니라, 도구로 만들어진 태아. 아까 '배아' 얘기할 때도 물었지만 '태아'는 인간일까, 아닐까? 도대체 어느 순간부터 인간이라고 말할 수 있을까? 태어나는 순간? 엄마 뱃속에서 나와 '으앙' 하고 울음을 터뜨리는 순간부터가 인간이라면, 태아는 인간이 아니니까 도구로 이용해도 거리낄 게 없는 걸까? 이제 태아도 인간의 시작이 아니라, 장기를 제공하는 도구로서의 태아가 될지도 모르는 일이야.
비록 그 시작은 치료가 목적이었다지만, 이렇게 되면 이제는 단지 의학이나 과학 분야의 문제에만 머물게 되지는 않아. 복제나 유전자 조작 비용이 어디 두부 한 모 값이겠어? 아닐걸. 그 비용은 결코 만만하지 않을 거야. 이제 윤리적 문제에 경제적 문제까지 얽혀지게 될 거야. 생태계처럼 인간들이 살아가는 사회도 하나의 문제는 다른 분야의 문제와 복잡하게 연결되어 있으니까 말이지. 말하자면 과학의 문제만이 아니라 윤리의 문제로, 종교적인 문제로, 정치적인 문제로, 경제적인 문제로 다 연결되어 있기 마련이야. 생명의 존엄성이 문제가 되고, 하나의 생명으로 잉태되어 자라야 할 씨앗이 다른 생명을 위한 도구로 쓰이고, 어쩌면 그것이 돈 있는 생명을 위한 도구가 될지도 모르고.

영화 〈아일랜드〉가 현실이 될 수도 있는 건가. 〈아일랜드〉

에 복제 인간들이 나오잖아. 인간에게 장기를 제공하기 위해 만들어진 복제 인간들. 그들은 '원본'인 인간이 있고, 그 원본 인간의 의뢰로 카피된 존재들이었어. 사회의 시스템은 이 복제 인간들을 하나의 밀폐된 공간에 가두고 획일적으로, 그러나 건강하게 양육을 하지. 복제 인간들은 자신이 누군가의 대용품 또는 장기 기증을 위한 도구라는 사실을 몰라. 아니, 사실 그들이 복제 인간들이라는 것조차 몰라. 자기 자신이 세상에서 유일한 하나의 원본인 인간인 줄 알지. 지구에 재앙이 일어나서 오염되었기 때문에 이 닫힌 공간에 사는 거고, 유일한 희망은 오염되지 않은 꿈의 섬 '아일랜드'에 가는 거야.

영화 〈아일랜드〉

그러다가 주인공이 이 '아일랜드'의 비밀을 알게 돼. 닫힌 공간에서 열린 공간으로 나갈 수 있는 꿈의 티켓인 아일랜드 당첨권이 사실은 열린 공간으로 나가는 게 아니라, 죽음의 공간으로 들어서게 된다는 사실. 원본 인간에게 뭔가 문제가 생기면 복제 인간이 그 결함을 채우기 위해 장기를 척출당하거나 뭐 그렇게 되는 거지. 그 사실을 알고 여기에서 탈출한 복제 인간들이 그들의 원본이 있는 세상에서 만난 것은 결국 자신들도 인간이라는 사실이고, 인간처럼 살고 싶어 한다는 거였어. 복제 인간은 인간일까, 아닐까? 복제 인간은 원래의 인간과 같은 사람일까, 다른 사람일까? 복제 인간에게 생명의 존엄성은 없을까? 원본이 건강하게 살게 하기 위한 도구로 만들어진 인간은 인간이 아닌 걸까?

그래서 답을 얻었냐?

답이라기보다 또 영화가 떠오르는데. 〈블레이드 러너〉. 2019년이 배경이니까, 이런 10년도 안 남았다. 여하튼 이 영화의 배경인 2019년의 지구는 '안드로이드android'와 인간이 공존하는 세계야. 대기업 '타이렐' 사는 인간과 거의 동일한 로봇, '리플리컨트'라고 알려진 복제 인간들을 만들어 내. 정교한 안드로이드는 인간의 기억까지 복제해 만들어진 기억을 갖고 있고, 심지어는 스스로를 인간이라고 믿어. 죽은 누군가에 대한 추억으로 만들어지기도 하고. 본인은 자신이 이러이러한 기억을 갖고 있는 이러이러한 사람이라고 생각하고 있지만, 사실은 이러이러한 기억을 갖고 있는 이러이러한 사람의 기억이 이식된 로봇일 뿐이지.

영화 〈블레이드 러너〉

그런데 이들 중 다른 행성을 지구의 식민지로 만들기 위해 개발된 전투형 안드로이드들이 있어. 정교한 인간형 로봇이지만 스스로의 존엄성을 갖게 된 이 복제 인간들은 폭동을 일으키고는 지구로 숨어들었어. 그들은 타이렐 사를 찾아가 4년인 자신들의 수명을 연장하려고 하지. 이 반란을 일으킨 안드로이드를 잡아야 하는 형사가 블레이드 러너, '데커드'라는 인물이야. 흐흐, 해리슨 포드가 맡은 역할이지. 안드로이드가 워낙 정교하니까 인간인지 로봇인지를 식별하는 능력이 필요한데, 그 능력이 출중한 블레이드 러너였어.

결국 한 건물 옥상에서 강력한 전투용 안드로이드 '로이'와 형사 데커드 사이에 결투가 벌어지는데, 이 로이라는 안드로이드는 건물 난간에 매달린 데커드를 구해 주지. 그리고는 4년의 수명이 다해 '이제 곧 내 기억도 사라지겠지. 이 빗속의 내 눈물처럼'이라는 명언을 남기고 그대로 멈춰 버려. 캬아~, 이 장면이 얼마나 압권인지 알아? 로이랑 같이 울게 된다니까. 그 모습을 보고 데커드도 복제인간의 아픔과 상처, 생명력과 그 욕구, 생명의 존엄성을 깨닫게 돼. 영화의 마지막 장면은 예의상 이야기 안 할게. 스포일러가 되면 안 되니까 말이지.

이 영화 원작 소설의 제목은 《안드로이드는 전기양을 꿈꾸는가》야. 안드로이드가 꾸는 꿈도 인간의 꿈이 아닐까? 안드로이드지만 전기양을 꿈꾸는 건 아니지 않을까?

친절한 영화 설명 잘 들었어. 〈블레이드 러너〉도 그렇지만 인간 복제는 윤리, 종교, 정치, 경제 등 우리 사회의 시스템과 맞물려서 여전히 '뜨거운 감자'야. 결국 인간이 풀어야 할 문제 중 하나지.

## 늙은 하인의 모놀로그

네. 저는 물론 튼튼한 심장을 가졌지요, 나리. 하지만 제 심장을 나리에게 드릴 수는 없습니다. 그건 곤란합니다. 저에게는 하나밖에 없는 심장이옵니다. 제가 비록 미천한 하인의 신분이오나 저도 살아야지요. 암, 살아야 하고 말고요. 하지만 나리, 나리께서 금화 열 닢만 주신다면 제 보잘것없는 심장이라도 드립지요. 그리고 감히 청하옵건대 저를 복제하여 공자님 댁의 후손으로 자라게 하면 안 되겠습니까? 복제 인간일지언정 공자님 집에서 공자님처럼 자랄 수 있게 말입니다. 네, 물론 무리겠지요. 보잘것없는 제 복제 인간을 받아주실 리가 없으시지요. 압니다, 압지요.

아, 대신 제 마누라가 낳을 아이에게 공자님의 세포를 이식해 주신다고요? 제 집에서 공자님과 같은 아이가 자랄 수 있게 말입니까? 그래서 나중에는 공자님을 대신할 수 있게 말입니까? 아이고, 고맙습니다, 나리. 고맙습니다, 나리. 이제 제가 기를 아이에게는 공자님의 피가 흐르겠군요. 비록 제가 형식적인 아버지이고 제가 양육할 터이나, 공자님을 꼭 닮은 아이겠지요. 아니, 아닙지요. 그뿐이 아닙지요. 공자님의 염색체와 같으니 공자님과 쌍둥이가 되는 게 아닙니까? 오호, 공자님을 복제한 것 같겠지요.

어쩌면 이 미천한 제 소망대로 진짜 공자님이 될지도 모르겠습니다. 공자님은 제 아이를 있게 한 아버지이자 제 아이와 쌍둥이인 어르신이 되겠군요. 이것 참, 묘한 가계도가 되겠군요.

네? 그건 제 짧은 소견이라고요? 네? 안 됩니다, 안 됩니다. 그건 아니 되실 말씀이십니다. 제가 공자님에게 심장을 드렸는데, 그 심장에 문제가 생길 경우 제 아이의 심장을 쓰시겠다니요? 아니오, 나리. 그렇게는 아니 됩니다. 대를 이어 심장을 드릴 수는 없는 법이지요. 제 아이는 비록 공자님의 복제품이지만 그건 공자님과 신체 조직이 같을 뿐이지 공자님과 같은 사람은 아닙지요. 공자님을 넘어서게 할 겁니다. 나리, 제가 가만히 있지 않을 겁니다, 나리!

## 과학의 발달과 인간의 미래

이봐, 곰. 생각하면 이상해. 예전에는 과학의 발달이 '0순위'였잖아. 과학만이 살길이라고 생각하는 것처럼 모든 대답은 과학이 알고 있다, 뭐 이런 세상. 가뭄, 홍수, 태풍, 화산 폭발 같은 자연재해가 두렵고, 병들어 죽는 게 두렵고. 뭐 그렇게 불안해 하다가 과학을 만나면서 거기에서 어느 정도 안정권에 들어서게 되었고, 그래서 인류의 미래는 핑크빛이었잖아? 불치병이었던 병들을 극복해 나가면서 수명 연장의 꿈을 키우고, 이제는 생명까지 만들어 내는 단계에 이르렀고 말이지.

그뿐이야? 예전에는 전쟁의 승리를 알리기 위해 마라톤 평야에서 42.195킬로미터(km)를 달려가야 했지만 이제는 전화 한 통이면 끝이잖아. 인터넷은 빛보다 빠르게 전지구적인 소식을 퍼 나를 수도 있고.

빛보다 빠르지는 않아.

말이 그렇다는 거지. 알았어. 인터넷은 빛보다 빠르지는 않지만 굳이 비유하자면 빛처럼 빠르게 지식과 정보를 전달하지. 됐어?

응.

사람들은 과학의 발달이 인간의 미래를 행복하고 풍요롭게 만들 거라고 생각했을 거야. 꿈이 실현되는 사회, 뭐 그런 거. 그런데 이제 사람들은 과학의 발달에서 부정적인 면을 더 많이 보는 것 같지 않아? 만화나 영화, 소설 속에 등장하는 과학자들의 이미지도 거의 '미친 과학자'가 많잖아. 자신의 성과를 알아주지 않는 세계를 저주하면서 권력자와 만나 세계 정복을 꿈꾸며 파괴를 일삼는 과학자들 말이야. 아니면 자신의 연구에만 매달리다가 주변의 다른 것들, 생각해야 할 다른 가치들의 문제에는 눈을 감고, 나아가 프랑켄슈타인 같은 괴물을 만들어 낸다든지. 과학의 발달이 어떤 미래를 가져올 것인지를 그린 영화들을 봐도 부정적인 작품이 많지. 미래 사회를 그린 영화는 거의 다 디스토피아를 그리는 것 같아. 당신이 말한 사회

과학의 발달이 인간에게 어떤 미래를 가져올 것인가.

의 시스템과 맞물려서 전혀 예상치 못한 방향으로 나가 버린 암울한 미래. 그런 디스토피아의 미래에서 그 문제들을 해결해 인간이 인간일 수 있게 만들어 주는 건 또 다 우리 인간의 몫이기는 하지만 말이야.

아, 예전에 어느 영화에선가는 긍정적인 외계 행성의 이야기를 그린 적이 있었어. 그 외계인들의 우주선은 비눗방울 같은 거였고, 그들의 최첨단 과학적인 환경은 다 친환경적인 공간들이었어. 풀이 있고 나무가 우거진 곳의 그림 같은 집? 뭐 그런 이미지. 지금 생각하니 자연으로 돌아간 외계인들이었나 봐.

하고 싶은 이야기가 뭔데?

그러니까 사람들의 꿈과 희망을 이루어 주었던 과학이 지금은 사람들에게 꿈과 희망만이 아니라 불안과 걱정까지 얹어 주고 있다는 거지. 예전에는 과학이 '웰빙Well-being'을 낳았다면, 그 웰빙의 결과가 이제는 지구 온난화, 생태계 파괴, 인간 복제의 문제 등을 낳고 있고. 그래서 이제 사람들은 현대의 웰빙을 다시 자연에서 찾게 되는 거지. 과학이 주는 웰빙이 더 이상은 웰빙이 아니라고 생각하는 게 아닐까?

그래? 그럼 당신은 전화기 없앨 수 있어?

왜 갑자기 전화기야?

보이스 피싱으로 말들이 많잖아. 전화 요금도 많이 나오고. 휴대폰에서는 몸에 안 좋은 전파가 나온다고 하고. 그뿐이야? 스팸 문자는 또 얼마나 많아? 전화가 우리에게 멀리 있는 사람과 실시간으로 대화할 수 있는 꿈을 이루어 주었지만 지금 보니 어때? 너무 폐단이 많아. 그러니까 없애고 다시 예전으로 돌아가는 거야.

알았어. 안 그럴게. 과학의 힘을 믿을게.

과학의 힘을 믿으라는 이야기는 아니었어. 과학의 발달이 우리를 어디로 데리고 갈지, 또 우리는 어떻게 그것을 이용할지를 생각해 봐야 한다는 거지.

사람들이 과학을 불신하고 과학의 발달을 부정적으로 보는 건, 어쩌면 사람들이 이제 자신의 힘을 두려워하게 되었다는 소리일지도 몰라. 예전에는 자연의 힘을 두려워했지만, 이제 오늘날을 살아가는 사람들은 자신이 통제할 수 있는 것보다 더 많은 힘을 갖게 된 게 아닐까? 자신이 제어할 수 있는 범위를 넘어선 힘은 이제 어느 방향으로 향하게 될지 알 수 없으니 당연히 두렵겠지.

자, 여기 최첨단 자동차가 있어. 능숙한 운전자라면 차를 잘 운전할 수 있을 거야. 아는 길은 알아서 잘 갈 것이고, 모르는 길이나 돌발 상황에서도 잘 해결해 나갈 수 있겠지. 물론 운전 실력만으로는 어쩔 수 없는 상황이라면 어렵겠지만 말이야. 게다가 참 예의 바르고 심성 고운 사람이라면 운전하면서 배려도 할 것이고, 사고가 나면 신사적으로 처리하겠지. 그러니까 이 최첨단 자동차를 운전하는 데 큰 힘이 들지 않을지도 몰라.

그런데 면허증만 있고 운전은 한 번도 해 본 적이 없는 사람이 이 최첨단 자동차의 주인이라고 생각해 봐. 좋은 차가 생겼으니 운전을 해 보고 싶겠지. 어떻게 될까? 물론 운 좋게 별일 없을지도 모르지. 하지만, 역시 그 자동차를 감당할 만한 능력이 부족하겠지? 미숙한 운전자가 몰고 가는 자동차가 어디로 갈까? 당연히 두렵지 않을까? 그렇다고 차를 포기하고 싶지는 않고. 그 최첨단 자동차에 대한 이해와 실전 연습, 위기 상황 대처법, 예측 가능한 상황에 대한 대비책, 뭐 이런 것 없이 덥석 운전대부터 잡으면 곤란한 문제는 계속 생겨날 거야.

최첨단 자동차라서 뭔가 이상한 버튼이 많다면 어떤 버튼을 눌러야 할지도 몰라서 두렵겠지. 빨간 버튼을 눌렀다가는 자동차가 폭파될지도 모르니까 말이야. 도로에 갑자기 사슴이 뛰어나와서 깜짝 놀라 급커브를 틀다가 토끼를 칠지도 모르고, 두 갈래 길이 나오면 어느 길로 가야 좋을지 몰라 혼란스럽겠지.

그 자동차가 우리를 어느 길로 안내할까? 운전자는 어느 길로 운전해 나갈까? 그렇게 도착한 곳이 탄탄대로일까, 낭떠러지일까? 과연 목적지까지 제대로 가고는 있는 걸까? 목적지에 도착할 때까지 수많은 생명을 죽이고 길이 아닌 곳으로 들어가는 바람에 나무를 밀고 왔다면, 그건 어떤 의미가 있을까?

우리는 이미 과학의 자동차 위에 올라타고 있어. 그 바퀴를 어떻게 움직여야 할지 고민할 때야. 단순히 움직이기만 해서는 곤란해. 제대로 움직여야지. 그러려면 물론 좋은 자동차가 필요해. 그런데 좋은 자동차가 어떤 자동차인지에 대한 생각도 필요하지 않을까? 각자가 생각하는 좋은 자동차를 어떻게 운전해야 할지도 고민할 때고. 그리고 운전을 잘하려면 자동차의 성능뿐 아니라 운전자의 가치관, 철학, 윤리 의식, 경제적 효과, 정치적 경향까지 모두 필요한 시대가 된 거야. 이제 과학이 우리에게 꿈과 희망을 줄지 두려움을 줄지도 역시 인간이 해결해야 할 문제인 거지.

잠깐! 자, 이거 읽어 봐. 당신의 이야기를 듣다가 영감이 떠올라서 그만.

## 이 세상을 제대로 보려는 노력

나는 곰이 열변을 토하는 동안 저러다 죽지 않을까 염려하면서 급하게 써 내려간 곰 찬양가 〈곰곰전傳〉을 내밀었다.

**〈곰곰전〉**

때는 바야흐로 생명의 기운이 사방팔방으로 뻗쳐 나가고 있는 지구 마을의 봄이더라. 이 마을에는 남과 북에 커다란 얼음산이 있으며, 푸른 바다가 넘실거리고, 곳곳에 있는 산에는 나무들이 번창하여 거대한 숲을 이루고 있었으니, 가히 푸른 마을이라고 일컬어질 만하더라.

이 푸른 지구 마을에 명망 있는 가문의 자제 곰 도령이 살고 있었는데, 성품이 우직하여 주변 사람들의 칭송이 자자한지라. 그의 행각을 볼라치면 글공부를 게을리 하지 않음은 물론이요, 하나를 들으면 열, 아니 백을 알았고, 항시 곰곰 생각에 잠기기를 잘하였으며, 뒷동산에 올라 나무 한 그루씩을 심고 다니는 등 언제나 심신의 수양에 지극 정성이었더라. 그 품행이 방정하여 타의 모범이 되매, 집집마다 곰을 본받으라는 어미의 성화가 저녁마다 동네 아이들을 괴롭힌다 하더라.

그 동네 아이들 중에는 글공부를 게을리 함은 물론이요, 심신 수양에는 전혀 눈을 돌리지 않은 채, 경제를 살려 이 마을에 이득이 되게 하려면 물물교환이 쉽게 이루어질 수 있게 탄탄대로를 만들어야 한다며 숲에 들어가 나무 베기나 하고 있는 아이도 있었으니, 그 이름이 봉구더라. 끼리끼리 논다고 이 봉구에게도 그럭저럭 어울려 노는 친구가 하나 있었으니, 하는 짓이 봉구와 별반 다르지 않은 삼식이라 하더라. 이 두 아이는 세상 돌아가는 이치는 물론이요, 자기 이름 석 자도 몰라 두 자씩만 아는 멍청한 족속들이었으니, 곰곰 생각하지 않아도 실로 개탄할 만한 일이로다.

각설, 마을의 처녀 총각들이 봄기운에 가슴이 벌렁벌렁하며 계절을 만끽하고 있을 제, 이 마을에 뜻하지 않은 괴이한 변이 일어날 징조가 보이기 시작하더라. 그 징조를 처음 감지한 자가 있었으니, 앞서 말했던 이 마을의 명망 있는 가문의 자제 곰이더

라. 곰이 매일 나무를 심으러 가는 산기슭에 걸터앉아 곰곰 생각하니, 아무래도 돌아가는 형세가 요상한지라.

봄은 봄인데 더 이상 봄이 봄 같지 않은 계절의 요상함 속에 일어난 징조는 다음과 같더라. 남과 북의 얼음산은 녹아 가고 있고, 마을의 수호 나무인 500년 된 느티나무는 시름시름 앓으며 한창 고와야 할 빛을 잃어가고 있는지라. 뒷산 소나무 숲은 대머리 아저씨 마냥 가운데가 휑하니 비어 있었으며, 멧돼지들은 자꾸 마을로 기어들어오기 시작했음이라. 돼지와 토끼의 형상을 한 돼지토끼라는 요상한 생물체도 밤마다 어슬렁거리며 빨간 눈과 길쭉한 귀에 돼지코를 하고는 꿀꿀거리더라. 명태가 잡히던 바다에서는 갑자기 고등어가 난무하여 명태는 안 보이기 시작하더라.

어디 그뿐이랴. 아랫마을에 사는 옹고집 네에서는 두 명의 옹고집이 등장하여 서로 자기가 진짜 옹고집이라고 우기고 있었던지라. 풍문에는 길동이라는 자도 있어 동가식서가숙東家食西家宿하며 동시에 여러 곳에 출몰하고 있는데, 잡으면 짚단으로 변해버리는 통에 도무지 진짜 길동이가 누구인지 알 길이 없다고 전해지고 있었던 터라.

곰이 곰곰 생각하매 이는 보통 일이 아니라. 곰은 지구 마을에 위험이 도래할 생각에 정신이 몽롱하고 하는 일마다 손에 잡히지 않아 좌불안석이요, 먹어도 먹는 게 아니고 자도 자는 게 아니고 웃어도 웃는 게 아닌 나날을 보내고 있었다더라.

한편, 이 지구 마을의 속없고 철모르는 두 아이, 봉구와 삼식은 사람의 장기가 오장 육부일 제 여기에 그 유명한 놀부는 심술보가 더 붙어서 오장 칠부라지만, 이것들은 아예 장기가 없을 뿐더러 가끔은 뇌도 제자리에 있는지 의심이 가는 자들이었더라. 지구 마을이 이리도 풍전등화의 운명 속에 갈피를 못 잡고 있을 때에, 이들은 제 인생의 갈피도 못 잡고 있어 주위의 빈축을 사기가 일쑤더라.

그러던 어느 따뜻한 봄날, 이 마을에 두꺼운 바바리코트를 입은 자가 출몰하였으니, 세상 모르는 봉구와 삼식이도 그 자를 두려워하매 그를 '변태'라 부르기로 했다더라. 변태의 출몰에 대해 사람들은 인간 말종이니, 광인이니 말들이 많았으나, 아무도 그 자가 왜 이 따뜻한 날에 바바리코트를 입고 다니는지에 대해 그 이유를 알지 못했음이라. 더 기이한 것은 변태의 아류가 등장하여 함께 바바리코트를 입고 돌아다니는 추종자가 생겼으니, 사람들은 그를 변태에게 연정을 품은 자라 칭하였다더라.

봄은 봄인데 한낮의 기온이 34도(℃)로 올라간 어느 요상한 봄날, 봉구와 삼식은 세상 모르고 길을 가던 중 그만 변태와 그에게 연정을 품은 자를 마주치고 마는데, 그 순간 홀연 일진광풍이 몰아치고 더웠던 날씨가 급작스레 추워지기 시작했으니 이 무슨 괴이한 현상이란 말인가. 봉구와 삼식은 이 괴이한 현상의 원인이 저 바바리코트를 입은 변태들 때문이라 여기고 그들에게 말을 거는데. 봉구와 삼식이 가로되, 이 요상한 현상의 범인은 그대 변태들이 틀림없는지라, 그 증거가 바로 따뜻한 날에 입고 다닌 바바리코트 때문이라. 그러자 변태들 왈, 그것은 지구 마을의 온난화가 어쩌면 얼음산을 녹여 주변의 온도를 더 낮게 할지도 모르는 현상에 대비하기 위한 우리의 방책이었다고 말하더라.

어리석은 봉구와 삼식은 그 말에 감탄하매 친구 먹기로 하고 룰루랄라 돌아다닐 생각이었으되, 일진광풍은 갈수록 휘몰아치며 산에 있어야 할 멧돼지들은 개떼처럼 마을을 돌아다니더라. 돼지토끼는 나는 돼지인가, 토끼인가 절규하며 그 정체성에 치를 떨고 있었으며, 나무들은 픽픽 쓰러져 나가고, 심지어는 명태가 사라진 바다에 나타난 고등어마저 해안가로 저벅저벅 걸어 나와 자기가 인어 공주라는 말을 남기고 덩달아 픽픽 쓰러지고 있더라. 누구는 땀 흘리며 가뭄을 탓하고, 누구는 추위에 벌벌 떨며, 누구는 태풍에 휘말려 들어가 비명을 꽥꽥 지르고 있고, 누구는 급작스러운 홍수로 그 집이 물에 잠기고 있었으며, 엎친 데 덮친 격으로 봉구들이 만들어 놓은 길을 따라 룰루랄라 들어온 이웃 마을의 전염병까지 창궐하기 시작했으니, 이제 이 어리석은 네 아이들도 곰곰 생각하매 더 이상 룰루랄라 할 도리가 없더라.

점입가경으로 어쩔 줄 몰라 하는 어리석은 네 아이들 앞에 두 명의 옹고집이 나타나 서로 자기가 진짜 옹고집이라고 우기매, 상대방은 다 복제품이라고 주장하며 누가 진짜 옹고집인지를 가려 달라고 청하더라. 또 이때 짜잔~ 하는 효과음과 함께 여덟

명의 길동이가 등장하여 자기의 유전자가 더 잘났다며, 다른 유전자는 지푸라기 수준에 불과하다면서 우리 중에 진짜 신의 아이를 골라 보라 하더라. 신의 아이가 무엇이냐고 물으매, 신의 아이란 유전자 조작 없이 태어난 아이를 말함이니 우리 중 누가 지푸라기가 아닌 인간인지를 골라 보라고 성화더라.

이 유래 없는 난국을 맞이하여 정신을 잃고 우왕좌왕하며 이 난관을 어떻게 헤쳐 나가야 할지에 대해 설왕설래, 탁상공론만 늘어놓을 제, 홀연 바람을 가르며 물로 가는 자동차에 자루를 싣고 나타난 자가 있었으니 바로 곰이었더라.

곰 왈, 이 모든 문제는 모두 우리가 방만한 탓이니 결국 우리가 책임져야 하느니라. 이에 자루를 풀어 삽을 하나 꺼내더니 봉구더러는 나무를 심으라 하더라. 이에 봉구는 내가 왜 삽질을 해야 하냐며 돌아다녀 피곤하다고 징징거리더라. 이에 곰 왈, 네 정녕 네가 한 일을 모른단 말이냐. 하늘이 두렵지도 않단 말이냐. 곰곰 생각하면 네 잘못을 알게 될 터이고 또, 곰곰 생각하면 앞으로 어떻게 해야 할지도 알게 될 터 아닌가.

그 말에 봉구가 곰곰 생각하매 아무래도 곰의 말이 맞는지라. 곰아, 곰곰 생각하니 정말 자네 말이 맞도다. 내 지난 날 너무 경제 논리를 내세워 곰이 심은 나무를 베기만 했더라. 이제 뉘우치니 그대는 나를 용서하라. 곰이 이번에는 삼식에게 나무가 우거지면 멧돼지들을 그곳으로 보내라고 하더라. 삼식도 발끈하려다가 곰곰 생각하니 곰의 말이 맞는지라, 이에 순순히 받아들이더라. 곰은 또 자루를 풀어 빨간 부채, 파란 부채를 꺼내더니 변태들에게 나누어 주고 해류의 움직임을 되살리라 하더라.

여전히 내가 진짜 인간이네, 내 유전자가 끝내주네 싸우고 있는 옹고집들과 길동이들에게는 사람이 사람다워야 사람이라며 너희가 사람이라면 사람이 살 수 있게 다 같이 힘을 합하라 하니, 두 옹고집과 여덟 길동은 그 말에 감동을 받아 여기를 사람 사는 곳으로 룰루랄라 하게 만들어 인권을 보장받겠다며 오른손을 들어 맹세를 하더라. 이에 곰이 하늘을 가리키며 말하기를,

"손바닥으로 하늘을 가리려고 하지 말라. 무슨 일을 할 때에는 그 일이 이득을 주는지 아닌지를 생각하기 전에 그 일이 옳은지 아닌지를 생각하라. 저 우주를 보라. 지구와 우주가 소통하는 방식이 우리에 의해 달라진다면 우리 마을은 파국을 면치 못하리니, 우리는 또한 각각이 우주의 원소를 물려받은 사람들인 까닭이니라" 하며 눈물을 짓더라.

고마워해야 하냐?

아니, 뭐 그럴 것까지야.

〈곰곰전傳〉에 나오는 지구 마을은 그렇게 곰곰 생각하면 다시 살아날까? 봉구들이 다 개과천선하면?

사실 당신 이야기 들으니 좀 멍해지기는 해. 지구는 더워지고, 기후로 인한 재앙이 덮치고, 파괴된 생태계는 결국

그 총구가 인간을 향해 돌려지게 되어 있고, 인간 복제는 끊임없이 윤리적 문제를 낳으면서 암울한 미래상을 반영한 이야기들을 만들어 내고 있고. 사람들은 과학의 발달을 자기들이 어떻게 사용할지 몰라 두려워하고…….

러시아의 우주 비행사 유리 가가린은 우주에서 본 지구가 푸르다고 했잖아. 그런데 이제 그 푸르다는 게 시퍼런 멍처럼 느껴져. 지구는 시퍼렇게 멍들고 있나 봐. 우리가 날린 스트레이트, 어퍼컷, 잽, 훅, 뭐 이런 것들에 맞아서. 이제 그 주먹이 인간에게로 향하고. 하지만 이것 역시 당신이 풀고 싶어 하는 궁극적인 문제는 아니지?

지금까지 당신이 열거한 모든 문제, 그리고 열거하지 않은 모든 문제들을 아우르는 근원적인 문제를 풀어야지. 보다 본질적이고 보다 긍정적인 에너지를 만들어 내는 문제.

그게 도대체 어떤 문제야?

'진실은 저 너머에 있다' 같은 문제.

그건 〈엑스파일X-file〉의 명대사잖아.

그래. 저 너머에 있는 진실 찾기, 또는 세상을 바라보는 방식의 문제. 그래서 어떻게 바라보고 어떻게 살 것인가 하는 문제. 세상을 바라보는 방식은 존재의 방식도 결정할 테니까, 이 세상을 제대로 보려고 노력하면 그 안에서 부딪히는 문제들에 대한 대응 방식도 생겨나겠지. 인간이 어떻게 존재해야 하는지 그 존재 방식에 대해서도.

세상을 바라보는 방식의 문제?

당신은 왜 과학에 대해서는 아무것도 모르면서 자꾸 질문을 하지? 그렇다고 대단한 걸 알게 된 것도 아니고, 이해력이 좋은 것 같지도 않고, 과학자가 될 건 더더욱 아니고.

그러게. 내가 왜 그랬을까?

소설은 왜 읽어?

……세상을 바라보는 방식의 문제?

# 세상을 바라보는 방식의 문제

한때 이 지구는 둥글지 않았다. 사람들은 둥글지 않은 세상을 생각하고, 그렇게 세상을 바라보았다. 한때 지구는 움직이지 않았다. 천동설이 지배적인 진리, 참의 세상이었다. 그때 또 누군가는 그것을 믿지 않았다. 그들은 다른 방식으로 세상을 바라보기 시작했다.

사람들은 그렇게 자기와 자기를 둘러싼 세상이 어떻게 이루어져 있는지를 끊임없이 궁금해 하고 답을 내놓으려고 한다. 이 세상을 있게 한, 이 세상이 돌아가는 어떤 방정식이 존재하지 않을까. 그 방정식과 해는 무엇일까. 아인슈타인의 방정식은 그렇게 나왔다. 시간이 지나면 또 누군가가 자신의 방정식을 내놓을 것이다.

아직까지 이 우주 만물의 섭리를 풀 수 있는 방정식과 그 해는 나오지 않았다. 하지만 사람들은 그러한 방정식을 찾기 위해 지금도 여전히 그들의 방식으로 세상을 바라보고, 생각하고, 고민하고, 연구한다. 그럴 때 그들의 세상은 확장되고, 과거와 현재를 거쳐 미래로 나아간다.

이렇게 말하고 나니 소설은 또 뭐가 다를까. 소설도 그렇다. 총체적인 삶의 이해를 향한 고군분투. 어린 왕자는 여러 별을 전전하며 답을 찾아다니고, 《아라비안나이트》의 왕은 1001일 밤 동안 이야기를 들으며 자신의 상처를 치유하는 길을 찾아다닌다. 아버지를 아버지라 부르지 못하고 형을 형이라 부르지 못한 홍길동이 남긴 것은 호부호형이 아니라, 그런 세계에 대한 삶의 통찰이다.

소설이 들려주는 다양한 삶의 변주곡은 우리에게 과연 어떻게 살 것인가, 그리고 우리가 사는 세상은 어떠한 모습이며 그 안에서 인간들은 어떠한 자세로 삶과 만나는가 하는 문제를 생각하게 한다. 세상과 삶에 대한 궁극적인 답을 찾아가는 과정이 그 안에 담겨 있다. 아직까지 어느 소설도 그 삶의 방정식을 완성하지는 못하고 있지만, 각각의 세상을 바라보는 방식으로 거기에 다가가고 있다.

결국 과학과 소설은 이 세상의 암호를 풀어내려고 한다는 데서 만나게 된다. 어느 영화에서인가 이런 장면이 나온다.(정확하게는 '대충' 이런 장면이다.)

두 남녀가 우스운 이야기를 하고 있다.

남자: "18."

여자: (깔깔거리며) "너무 재미있다."

남자: "23."

여자: (투덜거리며) "그건 이미 아는 얘기잖아!"

이 이야기가 우스운가. 나는 웃을 수 없다. '18'이 '너무 재미있는' 이야기인지 아닌지 나로서는 알 길이 없다. 나는 투덜거릴 수도 없다. '23'이 아는 이야기가 아니기 때문이다. 이 '18'과 '23'의 의미를 알아야, 이 암호들의 의미를 알아야, '18'과 '23'의 세상을 읽어 낼 수가 있다. 지금의 내가 할 수 있는 것은 '18'과 '23'이 무엇을 의미하는지 내 나름으로 고민하고 생각하는 방법밖에는 없다. '너무 재미있는 이야기'인 '18'에는 수백 수천 가지의 이야기가 담겨 있을 터이다.

'용이 하늘로 올라가고 있다'를 네 글자로 줄여 보라고 한 아이가 문제를 냈다. '용비어천가'의 '용비어천'을 생각했지만, 그게 답일 것 같지는 않았다. 그 아이가 내놓은 답은…… '올라가용'.

'18'이다. 하지만 누군가에게는 '23'일 수도 있겠다.

《백 년 동안의 고독》을 쓴 작가 마르케스는 좋은 소설은 '사실을 시적으로 변형'하여 '세상을 구성하는 암호들을 풀어내 알리는 것'이라고 했다고 한다.(직접 들은 건 아니다. 어느 책에선가 읽었다.) 주목하자, 세상을 구성하는 암호들을 풀어내 알리는 것. 거기에서 소설과 과학의 교집합이 생기고, 여기에서 은유가 탄생한다.

이 암호들은 분명 존재하나 아직 우리가 밝혀내지 못하고 있으므로 편의상 암흑 물질이라고 부르자. 우주에 널려 있다는 암흑 물질이 우주에만 있는 게 아니다. 세상은 온통 암흑 물질로 가득 차 있다. 우주도, 지구도, 삶에도, 여기에도, 그리고 과학에도, 소설에도. 그래서 사람들은 그 암흑 물질에 담긴 암호를 해독하기 위해 세상을 바라본다.

어쩌면 언젠가는 어린 왕자가 나타나 단숨에 해독할지도 모르겠다. 기억하는가. 《어린 왕자》에 나오는 비행사인 '나'가 어릴 때 그렸다는 그림. 아무리 봐도 모자인 그 그림 말이다. 그 그림이 '모자'가 아니라 '코끼리를 먹은 보아 구렁이'라는 것을 어린 왕자는 알아보지 않았던가. 하지만 그때까지 우리 인간은 저마다 세상을 바라보는 방식으로 암호 해독을 향해 조금씩 조금씩, 때로는 혁명적으로 뚜벅뚜벅 나아가고 있을 것이다.

지금 우리에게 던져진 '모자'가 있다. 이 모자를 바라보는 방식, 이 모자를 제대로 그려 낼 수 있는 방식을 찾아가는 것이 과학이고, 소설이다. 아직은 여전히 '모자'일지도 모른다. '다리 뻗고 앉은 쌍봉 낙타'이거나 '누워 있는 똥배 나온 엄마'일지도 모른다. 뱃속에 파괴된 자연을 집어넣고 배앓이 중인 사람이 누워 있을지도 모르고, 올망졸망 사람들이 모여서 서로 손잡고 서 있을지도 모른다.

나와 지구와 태양계와 우주, 그리고 그 안에서의 삶이 담겨 있는 세상. 이 세상을 생각하고 볼 줄 아는 힘, 그것들을 자기화한 다음에 우주화할 수 있는 내공을 쌓아 가는 것이 인간들이다. 인간의 현주소에서 과학과 더불어 불거지고 있는 문제들을 해결해 나가야 하는 주체도 인간들이다. 무협지처럼 말하자면 그 내공을 쌓기 위해 초식招式의 동작 하나하나를 익히고, 이것들을 종합하고 끊임없이 갈고 닦아 삶의 세계를 아우를 수 있어야 한다. 악의 세력을 무찌르는 대신 말이다.

소설 속에서 세상의 은유를 찾아내어 세상과 개인을 둘러싸고 있는 삶의 통찰을 해 나가듯이, 과학을 통해서도 세상의 암호를 풀어내려는 노력은 지금도 현재진행형 중이다. 이 과학과 소설의 접점에서 우리는 우리의 삶을 다시 한 번 되새기게 된다. 그리고 아직 오지 않은 삶을 꿈꾸게 된다.

곰이 말을 건다.

"너무 진지한 거 아냐? 그럭저럭 살아야 하는데."

"그러게. 가끔은 진지해져야지."

진지해진 김에 우주의 안녕을 빌며 비틀즈를 듣는다. 'Across the universe'. 가사는 모르지만 일단 우주를 가로질러 가잖아? 내 방은 이제 우주를 가로질러 간다.

갈매나무 **지혜와 교양** 시리즈

우리가 사는 세상을 좀더 인간적으로 만들기 위한 인문학적 소양이 절실한 시대입니다. 갈매나무의 **지혜와 교양** 시리즈는 교양인으로서 살아가는 데 꼭 필요하고 알아야 하는 지식과 정보를 어렵거나 딱딱하지 않게, 특히 청소년의 눈높이에 맞춰 친절하고 감각적인 텍스트로 전달하고자 합니다.

지혜와 교양 1
**소설이 묻고 과학이 답하다**

민성혜 지음 | 유재홍 감수

과학 전문가의 기준이 아닌 문과 취향 독자 기준의 쉽고 재미있는 과학 교양서. 문학, 인문, 대중문화와 과학을 유쾌하게 넘나드는 본격 하이브리드 과학 교양서!

지혜와 교양 2
**아이작 아시모프, 우주의 비밀(근간)**

아이작 아시모프 지음 | 이충호 옮김

SF 소설의 거장 아이작 아시모프가 돌아왔다! 천문학 · 물리학 · 화학 · 생물학 등 광범위한 과학 일반에 대한 뛰어난 해설자 아시모프에게 다시 듣는 우주 이야기.

지혜와 교양 3
**우리 땅에 대한 101가지 질문(근간)**

조성호, 이강준, 윤석희, 박선희 지음

현직 지리 교사들의 발로 뛰어 쓴 우리 땅 이야기. 우리 땅을 어떻게 가꿔 나갈지, 그리고 우리 주변에서 일어나고 있는 크고 작은 지리적 사건에 대해 어떻게 봐야 할지에 대한 시각을 제시한다.

# 소설이 묻고 과학이 답하다

초판 1쇄 발행 2010년 11월 11일
초판 9쇄 발행 2013년 8월 26일

지은이 민성혜
감 수 유재홍
펴낸이 박선경

기획/편집 • 권혜원, 이지혜
마케팅 • 박언경
디자인 • 이든디자인
제작 • 디자인원(070-8811-8235)

펴낸곳 • 도서출판 갈매나무
출판등록 • 2006년 7월 27일 제395-2006-000092호
주소 • 경기도 고양시 덕양구 화정동 965번지 한화오벨리스크 2115호
전화 • 031)967-5596
팩시밀리 • 031)967-5597
출판사 블로그 • blog.naver.com/kevinmanse
이메일 • kevinmanse@naver.com

isbn 978-89-93635-19-5/03400